扫码看视频·轻松学技术丛书

火龙果
高效栽培与病虫害防治彩色图谱

HUOLONGGUO GAOXIAO ZAIPEI YU BINGCHONGHAI FANGZHI CAISE TUPU

全国农业技术推广服务中心 ◎ 组编

梁桂东 ◎ 主编

中国农业出版社
北　京

图书在版编目（CIP）数据

火龙果高效栽培与病虫害防治彩色图谱/梁桂东主
编. —北京：中国农业出版社，2023.10
（扫码看视频. 轻松学技术丛书）
ISBN 978−7−109−31697−3

Ⅰ.①火… Ⅱ.①梁… Ⅲ.①热带及亚热带果−病虫
害防治−无污染技术−图谱 Ⅳ.①S436.67−64

中国版本图书馆CIP数据核字（2024）第034842号

中国农业出版社出版
地址：北京市朝阳区麦子店街18号楼
邮编：100125
责任编辑：郭晨茜
版式设计：郭晨茜　责任校对：吴丽婷　责任印制：王　宏
印刷：北京缤索印刷有限公司
版次：2023年10月第1版
印次：2023年10月北京第1次印刷
发行：新华书店北京发行所
开本：880mm×1230mm　1/32
印张：8.25
字数：286千字
定价：68.00元

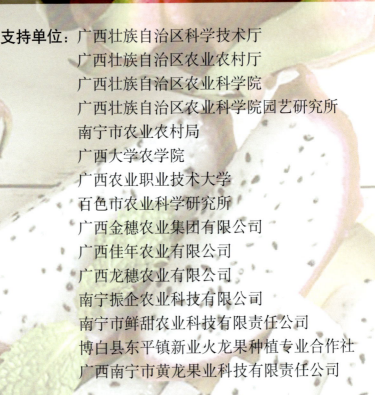

支持单位：广西壮族自治区科学技术厅
　　　　　广西壮族自治区农业农村厅
　　　　　广西壮族自治区农业科学院
　　　　　广西壮族自治区农业科学院园艺研究所
　　　　　南宁市农业农村局
　　　　　广西大学农学院
　　　　　广西农业职业技术大学
　　　　　百色市农业科学研究所
　　　　　广西金穗农业集团有限公司
　　　　　广西佳年农业有限公司
　　　　　广西龙穗农业有限公司
　　　　　南宁振企农业科技有限公司
　　　　　南宁市鲜甜农业科技有限责任公司
　　　　　博白县东平镇新业火龙果种植专业合作社
　　　　　广西南宁市黄龙果业科技有限责任公司

项目支持：广西科技重大专项（桂科AA22068097）；广西特色水果创新团队建设项目（nycytxgxcxtd-17-06、nycytxgxcxtd-17-13）；广西自然科学基金项目（2021GXNSFBA196010、桂科AA17202037-5、桂科AA17204026-2）；广西壮族自治区农业科学院稳定支助科研团队项目（桂农科2021YT047）；国家火龙果良种联合攻关项目。

前　言

　　火龙果为南亚热带新兴水果，被誉为"21世纪的完美作物"。我国从20世纪90代末开始进行商业化种植，至2022年国内的栽培总面积已经超过100万亩，年产值逾百亿元，成为全球种植规模最大的国家。火龙果种植产业是高投入、高产出、投资见效快的劳动密集型产业，对于我国华南地区尤其是滇桂黔贫困地区的农村和社会的经济发展起到重要作用。在当前农业供给侧改革的背景下，用系统化、标准化、数字化的技术指导规模火龙果园栽培生产精品水果是产业高质量发展的必由之路。

　　在我国，火龙果目前主要以果实鲜食为主，果实和植株的精深加工和综合利用总量尚不大。火龙果的花和果实大型美丽，花果期长且每年可多批次开花结果，具有较高的观赏价值。在国内的许多大中城市如杭州、上海、北京、西安、济南等的观光农业园区中，有较大面积的设施和保护地栽培，开花结果期间吸引众多游客观赏采摘。

　　目前，火龙果种植生产遍布全国，形成了以南亚热带和热带气候区露地栽培为主，亚热带和温带气候区设施栽培为辅的格局。栽培生产呈现如下特点：一是种植面积仍在稳步发展，大路货量大价低，高端精品水果奇缺；二是鲜果国产替代化程度逐年提高；三是种植的规模化标准化程度较高。然而，我国火龙果园的机械化、自动化、数字化、智能化程度还有待提升。绝大部分果园单个劳动力平均管理的面积不足20亩，农事操作和田间管理工作对人工的依赖程度仍很高。

火龙果为新兴水果，目前该领域仍然存在着许多研究空白点和问题，产业诸多环节和观测点的资料、数据、认知等存在严重不足，本书尚存在诸多的错漏、有待修正和完善之处，欢迎指出勘正。

编　者

2023年8月

目 录 Contents

第 1 章
火龙果的分类与常见品种

一、火龙果的分类

火龙果又名红龙果，英文名称有Pitaya、Pitahaya、Pitayo等。在拉丁美洲所栽培的多个不同属和不同物种的仙人掌果实都统称为Pitahaya。

1. 火龙果的植物学分类　火龙果属被子植物门、双子叶植物纲、仙人掌科、仙人柱亚科、仙人柱族、量天尺亚族。植物学分类是果树分类的主要依据，可反映火龙果家族的亲缘关系、系统发育和演化发展，对果树育种或开发利用野生种质资源具有重要指导意义。火龙果家族种类较多，特性差别较大。可结果并有栽培的火龙果约250个种，其中仅少数种进行了商业化栽培。

广义的火龙果是指可结果实的柱状仙人掌植物，主要属于4个属的种及杂交种，即量天尺属（*Hylocereus*）、蛇鞭柱属（*Selenicereus*）、新绿柱属（*Stenocereus*）、山影拳属（*Cereus*）。狭义的火龙果是指可结果实的藤蔓仙人掌植物，仅包括量天尺属（*Hylocereus*）、蛇鞭柱属（*Selenicereus*）2个属的种及其杂交种。国内栽培最为广泛的无果刺有鳞片火龙果品种多是量天尺（*Hylocereus undatus*）、红龙果（*Hylocereus polyrhizus*）、哥斯达黎加量天尺（*Hylocereus costaricensis*）等种或杂交种及营养系变异选育而成的品种。

2. 火龙果园艺学分类　园艺学分类是按照生物学特性，对特性相近的果树进行分类，它虽然不像植物系统分类法那样严谨，但在果树研究、果树栽培及食用销售上具有实用价值。如根据冬季叶幕特性分类，火龙果属常绿果树；根据植物形态特征分类，火龙果属草本果树；根据生长年限分类，火龙果属多年生果树；根据果实构造分类，火龙果属浆果类果树；根据生态适应性分类，火龙果属一般热带果树。可根据需要选用一种或综合使用几种分类，如火龙果为多年生常绿草本热带果树。

二、常见品种

本书按照果实外观及栽培用途，将目前国内较为常见的火龙果品种分为8种类型，即有鳞无刺红龙果，无鳞有刺红龙果，有鳞无刺白龙果，无鳞有刺白果，有鳞无刺黄龙果，无鳞有刺黄龙果，有鳞无刺青龙果，砧木、菜用和特色品种。

大红

来源：台湾引进

授粉方式：自花授粉

单果重：单果重350 ~ 800克，平均单果重427.4克

可溶性固形物含量：18% ~ 22%

品种特性：果实椭圆球形，果皮红色，鳞片红色，果皮厚度0.25 ~ 0.35厘米，不易裂果，果肉颜色深红，可食率79.67%，肉质细腻清甜；自然授粉结实率90%以上，自4月中旬出花蕾直到12月初最后一批花谢，一共开16批花左右。大红果夏季在树上挂15天以上不裂果（冬季可挂2个月）。夏季从现蕾至开花需15 ~ 16天，从开花至成熟需28 ~ 32天（图1-1）。

图1-1 大 红

金都1号

来源：广西南宁金之都农业发展有限公司育成，2016年通过省级农作物品种审定

授粉方式：自花授粉

单果重：单果重440 ~ 950克，平均单果重550克

可溶性固形物含量：21.2%

品种特性：果实椭圆球形，较大，鳞片黄绿色，25 ~ 32枚。果皮厚度0.55 ~ 0.68厘米，可食率80%。果皮紫红色，鳞片转紫红色，果肉深红色，肉质细腻，易流汁，味蜜甜，品质优。免人工授粉。该品种一年开花结果12 ~ 14批次，其中大批次6批。第一大批果6月中旬成熟，末批次果于翌年1月中旬成熟。该品种果实转红成熟后能在树上保留10 ~ 15天，不会发生裂果（图1-2）。

图1-2 金都1号

桂红龙1号

来源：广西壮族自治区农业科学院园艺研究所育成，2014年通过省级农作物品种审定

授粉方式：自花授粉

单果重：平均单果重390克，最大单果重780克

可溶性固形物含量：18.0%～21.0%

品种特性：果实椭圆形至球形，鳞片较厚，长青绿色，果皮紫红色有光泽，果皮厚度0.30～0.36厘米，果肉紫红色，肉质细腻清甜，略有玫瑰香味，耐贮性较好。自然授粉结实率90%以上，夏季从现蕾至开花需16～18天，较大红晚1～3天，从开花至成熟需30～34天，较大红晚2～4天。每年开花结果13～15批次，其中大批次6批。果实成熟期为花后30～35天。头批次果6月中下旬成熟，末批次果12月上旬成熟。果实成熟后留树期7～15天（图1-3）。

图1-3　桂红龙1号

越南H14

来源：越南南方果树研究院选育而成

授粉方式：自花授粉

单果重：375～860克

可溶性固形物含量：16.0%～19.8%

品种特性：该品种为越南主栽品种。枝蔓细长黄绿色，对溃疡病的抗耐性较弱。果实长椭圆形，鳞片青绿多翻卷，果皮桃红色，果皮较厚，果肉紫红色，肉质细腻清甜，草腥味明显。全年可开花，周年3～4次，谢花后29～32天果实成熟，在谢花后31～32天收获，营养成分最好（图1-4）。

图1-4　越南 H14

红冠1号

来源：华南农业大学园艺学院和东莞市林业科学研究所选育

授粉方式：自花授粉

单果重：300克

可溶性固形物含量：18.7%～20.3%

品种特性：果实椭圆球形，果皮紫红色，厚0.30厘米，鳞片较长，基部红色尖端绿色，果肉紫红色，肉质细腻软滑，口感清甜；自然授粉结实率高，不易裂果，耐贮运。花期为6月上旬至10月下旬，开花到果实采收28～45天（图1-5）。

图1-5　红冠1号

紫龙

来源：海南省农业科学院热带果树研究所育成，于2013年通过省级农作物品种审定

授粉方式：自花授粉

单果重：385克

可溶性固形物含量：14.6%

品种特性：花果期在3～11月，从开花到果实采收需40～45天。果实短椭圆形至圆球形，鳞片数量较少，果皮紫红色，果皮厚度0.18厘米，果肉紫红色，肉质细腻多汁，风味浓郁，综合性状优良（图1-6）。

图1-6　紫　龙

昕运1号

来源：台湾昕运国际有限公司许仁德育成

授粉方式：需人工辅助授粉

单果重：300～600克

可溶性固形物含量：18%～24%

品种特性：该品种植株生长势强，萌芽和发枝力较强，为蜜宝系列品种。果实椭圆球形，鳞片短小，果皮光滑，果皮厚度0.43厘米，果肉紫红色（图1-7）。

图1-7　昕运1号

紫红龙

来源：贵州省农业科学院果树科学研究所育成，于2009年通过省级农作物品种审定

授粉方式：自花授粉

单果重：330克

可溶性固形物含量：11.0%

品种特性：果实圆形，鳞片红色，基部鳞片反卷，果皮厚度仅0.25厘米。枝条刺座极短，适于观光采摘。每年开花结果10～12批次，从现蕾到开花需15～21天，谢花后到果实成熟一般需28～34天（图1-8）。

图1-8　紫红龙

无刺红

来源：台湾省

授粉方式：自花授粉

单果重：450～850克

可溶性固形物含量：20%以上

品种特性：果实椭圆形，果皮艳红色，鳞片绿而厚，味清甜，耐贮运，常温货架期7～10天，商品性佳，枝条刺座极短，适于观光采摘(图1-9)。

图1-9　无刺红

富贵红450

来源：台湾选育

授粉方式：自花授粉

单果重：445.0克

可溶性固形物含量：16.0%～21.0%

品种特性：枝蔓肥厚宽大，生长势旺盛，综合抗耐性强。果实椭圆形，果皮玫瑰红，果皮厚度0.20～0.35厘米，果肉紫红色，可食率68%～81%。一年有6～12批花，产量主要集中在7～8月，全年单株可采6～12批次果，果实生长发育期30～40天。开花至果实成熟间隔10～20天（图1-10）。

图1-10　富贵红450

红水晶

来源：台湾刘敏次、刘敏正兄弟育成

授粉方式：宜进行人工辅助授粉

单果重：280～520克

可溶性固形物含量：19%～22%

品种特性：果实圆形，鳞片较窄、较短、多反卷，果皮较薄，肉质细腻香甜化渣，枝蔓较细多四棱。生长势偏弱，综合抗耐性稍弱。某些批次的果实裂果率较高（图1-11）。

图1-11　红水晶

红麒麟

来源：不详

授粉方式：需人工异花授粉

单果重：150 ～ 300 克

可溶性固形物含量：19% ～ 22%

品种特性：果实长圆形，鳞片无或极短，鳞片腋部有细长刺座，果皮较薄，果肉清甜略有香味。枝蔓外观形态与燕窝果相似，长势较弱，产量低，未有规模化栽培生产。果实从开花至成熟需90天左右（图1-12）。

图1-12　红麒麟

玉龙2号

来源：广西壮族自治区农业科学院杂交选育，于2022年申请植物新品种保护

授粉方式：自花授粉

单果重：250～400克

可溶性固形物含量：20%～22%

品种特性：特优质，中小型果，适于剥皮即食。果实圆球形，果皮红色有光泽，基部近果柄处带退化小刺，果皮厚度0.20厘米，可食率71.2%，果肉白色半透明，肉质细滑，清甜而多汁，无草腥味。在广西第一个批次的自然现蕾时间为5月上旬，末批次现蕾时间为9月下旬，全年现蕾约14个批次，从开花至成熟需30天左右（图1-13）。

图1-13　玉龙2号

玉龙3号

来源：广西壮族自治区农业科学院杂交选育，于2022年申请植物新品种保护

授粉方式：自花授粉

单果重：450～600克

可溶性固形物含量：20%～22%

品种特性：特优质，中大型果。果实椭圆球形，果皮红色，果皮厚度0.24厘米，可食率74.5%，果肉颜色为白色（成熟度高时边缘略带粉红色），肉质细腻，口感蜜甜多汁，无草腥味。在广西第一个批次的自然现蕾时间为5月上中旬，末批次现蕾时间为9月下旬，全年现蕾约14个批次，从开花至成熟需30天左右（图1-14）。

图1-14　玉龙3号

莞华白

来源：东莞市林业科学研究所及华南农业大学育成，2016年通过品种审定

授粉方式：自花授粉

单果重：300 ～ 450克

可溶性固形物含量：15.0% ～ 19.0%

品种特性：果实长椭圆形，鳞片黄绿色较短，果皮红色、较薄，果肉白色，肉质爽脆，清甜多汁。不易裂果，较耐贮运。每年开花结果10 ～ 12批次（图1-15）。

图1-15　莞华白

越南白肉

来源：越南

授粉方式：自花授粉

单果重：350 ～ 750克

可溶性固形物含量：15.0% ～ 19.0%

品种特性：果实椭圆形，鳞片黄绿色，基部较宽，果皮红色、较厚，果肉乳白色，肉质较粗，口感爽脆，草腥味较浓。不易裂果，较耐贮运（图1-16）。

图1-16　越南白肉

白水晶

来源：台湾刘敏次、刘敏正兄弟育成

授粉方式：需人工异花授粉

单果重：200 ～ 350克

可溶性固形物含量：17.0% ～ 20.0%

品种特性：果实近圆球形，鳞片粉红色，较短，易焦枯，果皮桃红色，近果柄处具刺座，果皮薄，果肉颜色半透明啫喱状，肉质细腻软滑，风味清甜，种子较小。生长势较弱，茎多四棱，枝条较窄，节间长度较短。果实不耐贮运（图1-17）。

图1-17　白水晶

红燕窝果

来源：不详

授粉方式：由于果实较小，需人工授粉

单果重：50～200克

可溶性固形物含量：20.0%～24.0%

品种特性：果实椭圆形，鳞片无，果皮紫红色，龟裂片峰略突起处具刺座，单个刺座有10～16枚小长刺，果实成熟后易脱落，果皮厚度0.20～0.30厘米，果肉颜色白色至半透明，肉质清甜，种子中等大小，果实耐贮性好。生长势强，枝条较窄，浓绿有光泽（图1-18）

图1-18　红燕窝果

以色列黄龙果

来源：以色列引进

授粉方式：需人工辅助授粉

单果重：250～600克

可溶性固形物含量：15.0%～18.0%

品种特性：果实椭圆形至近圆球形，鳞片长、绿色，果皮黄色，果肉颜色白色至半透明，夏季果含酸量较高，品质中下，秋冬季果品质中上，果实耐贮性稍差。根系较发达，植株生长势强，成熟结果枝容易大量抽生营养芽，抗病性较强。春夏秋季从现蕾至开花需16～18天，从开花至成熟需30～35天（图1-19）。

图1-19　以色列黄龙果

金龙1号

来源：广西南宁市黄龙果业科技有限责任公司选育，于2019年申请植物新品种保护

授粉方式：需人工辅助授粉

单果重：250～550克

可溶性固形物含量：15.0%～18.0%

品种特性：果实椭圆形至近圆球形，鳞片短、黄绿色，果皮金黄色，果肉颜色白色。茎蔓刺座较长，位于棱边凸起处（图1-20）。

图1-20　金龙1号

黄燕窝果（燕窝果）

来源：原产于厄瓜多尔帕罗拉

授粉方式：自然授粉结实，但大果率不高，需人工辅助授粉

单果重：150 ～ 450 克

可溶性固形物含量：21.0% ～ 25.0%

品种特性：果实椭圆球形，鳞片无或极短，果皮黄色，龟裂片峰略突出，退化鳞片基部凸起略带绿色、具刺座，单个刺座有4 ～ 10枚小刺，果实成熟后易脱落，果皮厚度0.50 ～ 0.80厘米，果肉颜色白色至半透明，含酸量低，肉质清甜，种子较大，果实耐贮性好。扦插苗根系较弱，生长速度较慢，对溃疡病等抗耐性较弱；枝条较窄，淡绿色，直立性强，不易自然下垂。四季均可能自然现蕾成花，春夏秋季从现蕾至开花需25 ～ 35天，从开花至成熟夏季需90 ～ 100天，冬季需110 ～ 150天（图1-21）。

图1-21　黄燕窝果

黄麒麟（哥伦比亚黄麒麟果）

来源：不详

授粉方式：自然授粉结实率低，但大果率不高，需人工辅助授粉

单果重：100～400克

可溶性固形物含量：19.0%～22.0%

品种特性：其形态特征和生长特性与燕窝果相似。果实长椭圆形，果脐较长且突出，鳞片无或极短，果皮黄色，龟裂片峰较突出，退化鳞片基部凸起处略带绿色，具刺座，单个刺座有4～10枚小刺，刺较细，果实成熟后易脱落，果肉白色至半透明，含酸量低，肉质清甜，种子较大，果实耐贮性好。枝条淡绿，较燕窝果细窄，生长势较弱，在生产上的种植应用价值不大（图1-22）。

图1-22　黄麒麟

红花青龙

来源：不详

授粉方式：由于单果重较小，需人工辅助授粉

单果重：100 ～ 250 克

可溶性固形物含量：19.0%～ 23.0%

品种特性：该品种花被片为紫红色，具较高观赏价值。果实长椭圆形至近圆球形，鳞片长绿容易焦枯，果皮绿色，内皮红色，果肉白色，口感佳，具香味。枝条刺较短，生长势中等，易感溃疡病，自然现蕾期较早，在南宁4月上旬前后现蕾，夏季开花后30 ～ 35 天成熟。目前尚未形成规模化商业种植（图1-23）。

图1-23　红花青龙

白花青龙

来源：不详

授粉方式：需人工辅助授粉

单果重：350 ～ 600 克

可溶性固形物含量：15.0%～ 17.0%

品种特性：该品种花被片为白色，正常成熟时果皮为青绿色，成熟过度时果皮绿中带红。果实长椭圆形，成熟时鳞片和果皮均为绿色，果肉红色，肉质软滑，品质中下，该品种的生长和物候期与有鳞无刺红龙果相似，夏季开花后30 ～ 35天成熟，目前种植面积不大（图1-24）。

图1-24　白花青龙

砧龙1号

来源： 广西壮族自治区农业科学院育成的砧木专用品种，于2021年申请植物新品种保护

类型： 砧木品种

品种特性： 枝条三棱，棱边宽大饱满，暗绿色，表面平滑，表皮被覆蜡粉，棱边缘平直，成熟枝边缘胼胝（木栓化）带不明显，每段茎节凹陷或凸起不明显，刺座褐灰色，花萼片紫色斑线明显，果肉紫红色，风味差，草腥味浓，自花不亲和；植株生长势强，根系发达，肉质宽厚多浆，嫁接亲和力较高（图1-25）。

图1-25　砧龙1号嫁接苗（左）与嫁接燕窝果结果状（右）

霸王花（剑花、龙骨花）

类型： 花菜专用品种/有鳞无刺白龙果

品种特性： 花常作蔬菜炖汤。多自交不亲和，不易自然结果，人工授粉可结果，浆果可食，为有鳞无刺白龙果。广西、广东、海南、云南和贵州等均有逸为野生状态的霸王花，广西贵港、百色，广东肇庆七星岩的霸王花自交不亲和。在贵港平南、钦州灵山均有一定规模的人工栽培（图1-26）。

图1-26　霸王花

黑龙果

类型：观赏品种/无鳞有刺红龙果

品种特性：枝条多四棱，棱边饱满，细长暗绿，似蛇状，故得名黑龙。果实鳞片无或短，带刺座，果皮果肉紫红色，果实较小，单果重100～200克，风味差，草腥味浓，中心可溶性固形物含量11.0%～14.0%。黑龙果成花较早，易成花，花量大，需人工授粉才可坐果，果实几乎无商品价值（图1-27）。

图1-27　黑龙果

第 2 章

生物学特性

一、主要器官

与其他仙人掌类植物一样，火龙果属于高度进化的物种，各器官的形态结构、功能和生长发育特点与其原产地的生态环境高度适应。火龙果植株的主要器官有根、茎蔓、花、果实（图2-1）。了解掌握火龙果主要器官的特性，有利于为生产创造合适的生长条件，从而促进果树生长发育。

火龙果的生物学特性

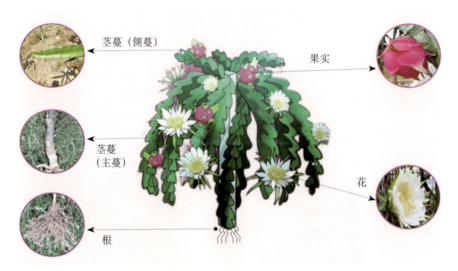

图2-1　火龙果植株主要器官示意

1. 根

（1）**形态**　火龙果的根系有两种：一种是须根系（吸收根系），着生于茎干的基部，分布在土壤或生长基质内，是吸收水分和养分的主要器官；另一种是不定根（气生根）系，属于攀缘根或附生根，着生于茎蔓上，暴露在空气中，具有攀附和固定植株的作用，可使柔弱的茎蔓得以固着在树干、岩体、墙壁、棚架或其他物体表面攀爬向上生长。在环境适宜的条件下，不定根（气生根）系可进一步发育成为吸收根系，协同吸收水分和养分（图2-2和图2-3）。

图2-2 火龙果的根系和白色新根

图2-3 火龙果白色新根的纵切面显微结构（左）和气生根（右）（劳安 摄）

（2）**分布** 火龙果的功能根分布较浅，可延伸较远，最远的根可达植株冠幅的1.5～3.0倍，有利于从土壤表层或树皮中大面积迅速吸收充足的水分，通常在树冠滴水线附近的须根分布最为集中。土层疏松肥沃、地下水位低的根系分布相对较深。一般环境下可深达40～60厘米，但主要多分布于表土下5～30厘米的土层，占全根重量的80%以上。

温馨提示

　　火龙果园应注意水平根系的培育，使须根多、广、密、深，尤其是在幼苗期应注意根系的培育。

（3）**生长发育** 火龙果根群持续生长与高效吸收水分养分，需适当的土壤温度、湿度、氧气、养分和土壤酸碱度。火龙果的根系在温暖、湿润、含氧高的土壤环境中生长发育良好。生长状态好的根系白、细、密、多，生长状态差的根系黑、疏、烂。

当土温介于20～25℃时，火龙果根系生长和吸收活动良好；当土温低于20℃时，新根生长减弱，断根伤口不易愈合和发根；当土温低于10℃或土温高于35℃以上时，根系活动极微弱，甚至停止。当土壤相对含水量为田间最大持水量的60%～80%，土壤绝对含水量为17%～18%时，火龙果根系吸水和生长良好；当土壤干旱、湿度较低时，根系活动微弱。火龙果根系的正常生长需要较高的土壤含氧量（＞3%），土壤中含氧量越高根系活动越旺盛。当施肥过多过浓，土壤溶液浓度较大（＞0.3%）时，易导致烧根烧苗。火龙果根系喜欢微酸至弱碱性（pH 6.5～7.5）土壤。

根系在一年中的生长高峰与枝梢生长、大批（茬）次花果生长高峰呈相互消长关系。在华南，冬季土温较低时根群生长微弱；春季土壤温度和湿度较高时发根较多；到春梢大量抽发时，新根生长量较小；在大量春梢转绿打顶后，根群生长活跃，5月中旬前后第一茬（大批）次花蕾抽生前达到生长高峰；之后当植株上花果较少或无时，根系生长再次活跃；到当年最后一茬（大批次）果实采收完毕后，又出现根系生长高峰。

在新根生长活跃期和高峰期，维持充足持续稳定的土壤水分和矿质营养的供应，对于提高水分和养分的吸收利用率以及提高树体营养水平具有重要意义。

2. 芽

（1）**种类**　按着生位置，芽可分为顶芽、侧芽和不定芽（图2-4）。按照芽将来可发育的器官，芽可分为叶芽（营养芽）、花芽、混合芽，茎蔓是由营养芽逐步生长发育而成。完好的刺座则可能抽生新芽（叶芽或花芽），已萌发抽芽的刺座一般不再具有抽生花蕾或新枝的能力，称之为"盲芽"。通常，枝龄越老的枝蔓盲芽的数量越多。

①顶芽。指在枝蔓顶端位置（相对于侧芽而言）形成的芽。顶芽具有强大的顶端优势，若顶芽不受伤或不进行人工打顶，具有连续和无限生长的趋势，可生长至数米长；若顶芽受伤或人工打顶，可以促进枝蔓上的侧芽萌发。

②侧芽。指在枝蔓侧面形成的芽，或着生于刺座上的芽。通常每一个刺座处只着生1个侧芽。侧芽属于中间芽，可发育成花芽或叶芽，这与芽在植株或茎蔓上的位置、抽芽前后的内部营养状况和外界环境条件有很大关系。

图2-4 火龙果的芽
A.顶芽、侧芽 B、C.侧芽 D.不定芽

③不定芽。指从顶芽或侧芽（刺座）以外地方萌发的芽，包括从根、维管柱、花、果等部位生长出来的芽。

（2）**刺座** 茎蔓棱边缘上按一定的距离间隔着生着刺座，每个刺座上着生着若干枚尖刺，每个刺座底下有一个潜伏芽。刺座相当于普通植物枝条上的腋芽或侧芽。刺座特征是识别火龙果品种的重要标识，也是茎的分节标志。嫩茎的刺座还可分泌富含糖分的蜜露（图2-5）。

（3）**芽的生长特点**

图2-5 嫩茎的刺座分泌蜜露

①异质性。指植株不同位置的芽具有不同的生长特性。在枝条向下弯曲处，容易积累较多的有机养分，从而促发该位置抽生新芽。

②顶端优势。指同一枝蔓上位置高的刺座（芽）相对于位置低的更容易抽生且长势更强。在开花结果期，下垂成熟枝梢的末端或位置低的芽比较容易抽生成花芽；而枝蔓基部的侧芽易抽生成叶芽。将直立的枝蔓，通过扭枝或压枝令其下垂，可促进枝蔓末端抽生花蕾。通常选择和保留基部位置高的新芽培养为更新枝条，而将枝蔓从中部和末端抽生的叶芽剪除。

③快速成熟性。当年生枝条一年可以多次抽生新芽或花芽。刚刚成熟但尚未充分老熟的枝蔓，虽然也可能抽蕾开花和结果，但由于枝蔓内维管柱的直径尚小，不够发达，输导能力较弱，加之芽体尚未充分发育

老熟，所抽生的花蕾往往不够健壮，易出现畸形花和畸形果，因此不宜过早留花留果。

通常6～14个月龄的老熟健壮枝条为优质结果枝蔓。

3. 茎蔓

（1）**形态**　火龙果的茎蔓，也叫枝条、枝梢、枝蔓，有3～4个纵棱，茎蔓为肥厚肉质化变态茎，具有蒸腾少、耐干旱的特点。幼嫩茎蔓黄绿色，表皮较薄、较软，蜡质层薄，对干旱、寒冷、病虫害等抵抗能力较弱。成熟茎蔓深绿色，表皮革质化变硬，蜡质层较厚，有利于减少水分散失和避免动物啮食，也有利于防御病原菌的侵入（图2-6）。

图2-6　火龙果的幼嫩茎蔓（左）和成熟茎蔓（右）

火龙果茎蔓的横断面结构如下：蜡质层、角质层、表皮层、栅栏组织、薄壁组织、维管柱、形成层、木质部、髓腔（图2-7）。

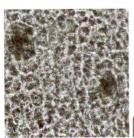

图2-7　茎蔓显微结构
A.表皮气孔　B.茎蔓切面　C.栅栏组织细胞（劳安 摄）

（2）**功能**

①光合作用。茎蔓表皮下层的栅栏组织细胞富含叶绿体和叶绿素，是进行光合作用和制造有机养分的主要器官。枝条绿色浓淡与枝条含氮量成正比，氮多，叶绿素多，茎蔓颜色浓绿，光合作用强。

②贮存功能。茎蔓同时也是植株水分和有机养分的主要贮存器官。茎的棱状结构近似手风琴的风箱，具一定的伸缩性，充当茎蔓伸缩的"调节器"。在雨季或营养生长阶段，植株吸收的大量水分和制造的有机营养贮存在肉质茎中，使茎和棱增厚饱满（茎宽和棱边厚度大），有利于植株度过旱季以及开花结果。开花结果期水分和营养迅速转移至花和果实，有利于繁殖后代。大批次结果后，茎蔓的棱变薄，开花结果能力下降。

③输导功能。茎中心有一圆柱状的木质维管柱，维管柱主要由韧皮部、木质部、导管细胞和木纤维细胞组成，是水分、无机营养和有机营养的主要运输通道。维管柱的直径和发达程度与输导能力密切相关。

（3）**种类**

①依据茎蔓着生的位置分类。可将茎蔓分为主蔓和侧蔓。主蔓是指与根颈直接连接，或者是指从母茎上长出来的最老且维管柱最粗壮的茎蔓。侧蔓是指着生在主蔓或其他侧蔓上的茎蔓。主蔓往往只有一个，从根部吸收的水分和无机盐主要经过主蔓中心维管柱的木质部才能输送到侧蔓上，侧蔓制造的有机养分主要经过维管柱的韧皮部输送到根部。

②依据茎蔓的功能或开花结果状态分类。可将枝蔓分为营养枝蔓（或营养枝）、结果枝蔓（或开花结果枝）。在一定条件下或某个时期，营养枝蔓可以转化为结果枝蔓。

③依据茎蔓的年龄分类。可将火龙果的枝条分为一年生（当年生）枝、二年生（去年生）枝、三年生（前年生）枝、三年生以上枝。火龙果茎蔓的寿命可达3年或3年以上，一至三年生茎蔓只要枝条饱满、外界条件合适以及具备完好的刺座，皆有成花结果的可能性，都可作为结果母枝。不同枝龄结果母枝的抽梢、成花、结果能力有所差异，不同茬次适宜留花留果的茎蔓类型的优先顺序也有所区别。一年生枝在枝条老熟后即具备成花结果能力，但在刚达到成熟状态时的枝条尚未充实饱满，营养物质积累少，容易出现畸形花和果，不是理想的结果枝；二年

生枝梢枝条充实饱满，结果性能好，是较为理想的结果枝；三年生枝因刺座数量少及肉质海绵空心化导致成花结果性能显著下降，一般在当年末批次果实采收结束之后将其从基部剪除。

温馨提示

保持成年树植株的一至三年生茎蔓比例均衡、数量适中和质量优良，是持续丰产稳产的关键。

④依据茎蔓抽生的时间分类。可将茎蔓分为春梢、夏梢、秋梢和冬梢（表2-1）。

表2-1　茎蔓依据抽生时间分类

种类	抽生时间	特点	注意事项
春梢	2~4月	春梢是成年期结果树每年结果枝的主要来源。此期间温度适宜，白昼日照时长较短较弱，树体经冬季休眠贮藏的养分充足，因而抽生的茎蔓，数量多，抽生整齐，茎蔓较宽较长，肉质肥厚，节间长度适中，伸长速度快，不易发病	偶有年份春季出现倒春寒，春梢易出现冷害黄化的现象，倒春寒频发的产区春梢不宜过早放留
夏梢	5~8月	此期间高温多雨，日照较长，有利于树体朝生殖生长（成花结果）方向发展，抽生的茎蔓窄、节间长、肉质薄，容易发病，尤其是易发茎溃疡病。幼年树可利用夏梢培养主蔓和增加枝条数量，加速形成树冠骨架，提早进入丰产期	成年期结果树的夏梢不宜培养和保留
秋梢	9~11月	秋梢是一年中最健壮的枝梢，成年期结果树，尤其是秋冬季结果多的植株抽生的秋梢数量较少；弱树或衰老树可通过促发培养秋梢来提高复壮树势。此期间温差大，光照强，降雨少，抽生的茎蔓节间短、宽大、粗壮、肥厚，病虫害少，营养积累充足，是来年的优质结果枝蔓	10月中旬以后抽生的晚秋梢，遭遇冷害的风险较大，但只要能顺利越冬或冻害不严重，来年亦可能成为结果枝
冬梢	11月至翌年1月	每年最后一个大批次果实采收结束较早或秋冬季挂果少的植株，在气温较高、肥水条件好时，容易抽生冬梢。暖冬年份受冻轻的冬梢也能成为结果枝	冬梢一般不宜促发保留。冬梢受冻的概率较大且冬梢抽生会消耗树体的营养积累，应注意防止其发生

（4）茎蔓的生长发育

①生长特点。外界条件适宜，茎尖无损伤，有附着物攀爬时，茎蔓呈现无限生长的趋势。侧蔓易从上一级枝蔓弯拱处、打顶处抽生侧蔓。茎蔓有限增粗，主蔓枝龄小的时候，绿色肉质化棱边组织包裹着维管束，随着枝龄年份增加，外层棱边组织逐步木栓化直至消失，维管束逐渐增粗，一般直径约达5厘米时就很难继续增粗。

②生长速度。生长条件适宜，植株生长旺盛，茎蔓平均每天伸长2厘米左右。新梢发育过程分为抽芽期（梢长＜5厘米）、牛角期（梢长5～50厘米）、平伸期（梢长50～80厘米）和下垂打顶期（梢长＞80厘米）。气温20℃以上时，新梢伸长速度较快，春梢抽芽后20～30天达到牛角期，30～45天达到平伸期，50～70天新梢长度达到100厘米左右，进入下垂打顶期。从新梢抽芽期算起，春梢枝龄达到120天左右即充分老熟，当气温和光照适合时即可能抽生花蕾成为结果枝。当下垂枝蔓长度约达100厘米并且条件适宜时就可能开花结果。植株中上部茎蔓和下垂茎蔓容易成花结果，每个枝蔓可同时形成2～5个花蕾。正常的新梢生长是顶芽连续伸长生长，长度超过90厘米经过顶芽打顶之后，才停止伸长。

③生理性异常。茎蔓生长常见的生理性异常有以下几种情况（表2-2）。

表2-2　茎蔓生长常见的生理性异常

异常情况	表现	原因
新梢过早停止生长	在顶芽茎尖并未受伤受损的情况下，长度未达到90厘米即出现茎尖缩小，自然停止生长，过一段时间后茎尖才逐渐恢复正常生长，在中途停止生长处出现葫芦节而使茎蔓呈现分段分节的状态	一是新梢数量过多，新老枝比过大，导致树体内的营养无法供养全部的新梢一次性长至90厘米以上；二是冬春阶段性低温（倒春寒、冷空气等）导致茎尖生长锥生长发育受阻；三是根结线虫、根腐等导致吸收功能障碍 预防第一种情况发生，需要在新梢抽生期及早进行疏芽定梢，使营养可集中供应新梢生长；预防第二种情况的发生主要是适时攻芽放梢，倒春寒频发地区不宜攻芽放梢过早，晚秋早冬冷空气影响频繁地区不宜秋梢攻芽放梢过晚

（续）

异常情况	表现	原因
新梢伸长快、瘦小且节间较长	温度较为恒定季节，正常的新梢匀速适中生长、节间长度和茎蔓宽度较为一致	因气温高（白昼35℃以上）、光照弱且昼夜温差小所导致。为预防这种情况发生，应尽量避开在高温季节攻芽放梢
超龄茎蔓老化衰退	三年生及三年生以上超龄枝条，刺座容易脱落，棱边缘肉质出现局部黄化焦枯，随着时间推移，肉质黄化腐烂扩大至整个茎蔓	枝龄过老、树势衰退和元素中毒缺素等均可能加速和促使茎蔓出现老化早衰

④茎蔓夹角对其生长势和成花结果有较大影响（图2-8）。成熟侧枝蔓的枝蔓夹角宜为30°～40°。适中的结果枝夹角对延长光合时间、改善光合条件、改善通风透光、平衡营养生长与生殖生长具有重要作用。若植株大部分侧蔓的夹角过小（<30°），则株型过于紧凑，树冠的投射面积偏小，树冠的光合作用总体偏差，内腔枝蔓容易出现通风透光不良和病虫害严重的状况；若结果枝夹角过大（>40°），则株型过于开张，大部分侧蔓的长势偏旺，枝蔓中部和末端易抽生营养芽，不易成花结果，在夏季时中午直射时间较长还容易导致枝条日灼，且枝条末端过于向外伸展影响植株冠顶修剪抹芽等农事操作。

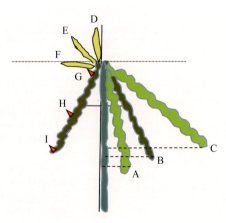

图2-8　火龙果结果枝夹角、新梢开张角度和芽的异质性示意
A.结果枝夹角过小（<30°）　B.结果枝夹角适中（30°～40°）　C.结果枝夹角过大（>40°）
D.新梢夹角过大（>160°）　E.新梢开张角度适中（120°～160°）　F.新梢开张角度较大（>60°）
G.结果枝基部刺座（芽）　H.结果枝中部刺座（芽）　I.结果枝末端刺座（芽）

新梢夹角对侧枝蔓的生长势影响较大。新梢夹角过大（＞160°）或开张角度过小（＜20°），枝蔓直立性容易偏强，长势容易偏旺，不利于成花结果，不易维持树体营养生长与生殖生长的平衡，枝蔓的背拱上方容易抽发徒长枝，形成"树上长树"。幼年期和中年期植株的生长势偏旺，宜多留新梢夹角适中（120°～160°）的新芽，以利于新梢生长至一定程度后可自然下垂，可减少人工扭枝和弯枝；老年期植株的生长势偏弱，宜多留新梢夹角偏大（160°～180°）的新芽，以利于培养健壮新梢，提高树势。

⑤树冠采光面积系数对产量的影响。树冠采光面积系数是指树冠采光面积与土地面积的比值，是果园光能利用效率高低的反映，也是果树生产潜力的重要标志。树冠采光面积系数随着树冠高度的增大而增加，随着树冠幅度的增大而减小。

火龙果园宜采用宽行（行距275～350厘米）、窄株（株距12.5～25.0厘米）、高冠（株高130～150厘米）、长枝（枝长100～120厘米）、适密（枝条密度10 000～12 000个/亩）的种植模式，以寻求树冠采光面积系数的最大值或最优值，从而提高果实产量和品质，充分发挥空间利用效率或效益。

4. 花

（1）**形态结构**　火龙果的花为两性花、虫媒花、雌雄同花；为适应传粉和繁衍后代，花大型，具香味，有花蜜，可吸引昆虫、鸟类等协助传粉，风对完成传粉也有一定的帮助。品种不同，花的形状、大小、颜色、位置以及苞片、花瓣、雄蕊、雌蕊等表型特征有明显差异，这是品种分类的依据，也可反映系统发育的亲缘关系（图2-9）。

图2-9　火龙果花的形态结构

（2）**发育过程** 根据花器官的发育过程特点，可分为现蕾前期（花芽分化期）、花蕾期、开花期3个时期（图2-10）。

图2-10 花器官发育过程
A.现蕾前期或花芽分化期 B～D.花蕾期 E.开花期

①现蕾前期或花芽分化期。现蕾前期或花芽分化期是指在结果枝梢成熟后至抽生花蕾之前的时期，该时期主要是花芽生理分化向形态分化转变，大致是从花蕾抽生之前20～30天开始。火龙果（大红品种）花芽形态分化的有利条件包括结果枝碳水化合物、细胞分裂素的含量较高，日照时长大于12小时且光照充足，温度达到昼温＞25℃、夜温＞20℃。

温馨提示

　　生产上促进花芽分化的措施包括：保持树势健壮，枝蔓成熟饱满，颜色正常；减轻花芽分化期树体的营养负担，保持树体少花、少果、无大量新梢抽发；花芽分化前期及分化期，增施磷钾肥；利用峰值波长610～660纳米的光源进行夜间人工补光。

②花蕾期。花蕾期是指某批次花蕾抽出1～2厘米大小至该批次盛花前的时期。炎热高温时自茎节刺下方着生花苞（一般认为高温可促进花芽分化，低温则抑制花芽分化），初期花芽呈小圆粒状，至可见花芽后13天，渐长大成长筒形，花苞呈浅绿色。满17天时，花苞的长度可达27～35厘米，前端的萼片会展开，当天晚上花朵绽放。春提早批次的花蕾发育较慢，由可见花芽至开花需18～20天；秋延后批次需25～35天。花芽萌发后须保持土壤水分适宜，避免过干过湿，以防止花蕾黄化、枯萎（消蕾）现象发生。

温 馨 提 示

如果同一枝条同时有3～5个花芽的，至可见花后10天，常自然淘汰，只剩下1～2个花芽，或2个花芽相差一天开花，挂2个果实的枝条与只挂一个果枝条的相比，果实较小，或两果一大一小。因此，为保证果实的大小，不让养分分散，最好在见花后10天内疏花（收花做菜的除外）。

③开花期。开花期是指某批次第一朵花蕾开花至该批次最后一朵花开放的时期。火龙果现蕾后15～30天开花，从现蕾至开花所需的天数依种类、品种和气候条件各异。夏季黄龙果通常需要25～30天，大红需要14～16天，越南白肉需要15～18天。秋冬季气温较低时，开花期天数增加。在南宁，大红的自然现蕾期为5～9月。自然第一批次花蕾于5月上旬现蕾，5月中下旬开花，花后30天左右果实成熟，果实成熟后可留树7～15天。同一批次花蕾开花期一般持续3～5天，通常第二、三天为盛花高峰期。授粉后的花冠3～4天即黄化，然后逐渐腐烂，易从子房顶部脱落；授粉受精良好的子房可进一步发育成果实。

（3）**开花习性**　火龙果于夜间开花，单朵花的开放只持续一个晚上。在南宁，夏季一般于20：00～22：00开放，第二天早上花冠凋谢，气温较低时开花时间会略微推迟，秋冬季开放要晚1小时左右。温度过低或过高会影响开花和授粉。开花时气温20～30℃，有利于授粉受精和坐果；当温度低于15℃时，花往往无法正常开放和完成授粉受精；当白天气温高于37℃而晚上温度又不能迅速降下来时，火龙果很容易出现授粉受精不良所导致的坐果不良，部分品种如燕窝果的花甚至无法正常绽放。

温馨提示

开花后花易黄化凋谢，应及早摘除，以避免产生"花皮果"。

（4）**授粉受精对果实发育的影响**　开花期的气温、降雨、花粉品种选择、授粉时间选择、授粉量、花粉与柱头的实际接触面积等对授粉受精的效果和果实的发育均有影响。

调查显示果实的平均单果重与果实内种子数呈显著正相关。果实的大小主要取决于子房内的"肉质种柄－种子"单元数量和肉质种柄细胞体积，单元数量越多则种子数和相应的肉质种柄（果肉）数越多，而果实的体积和重量往往越大。人工授粉（图2-11）可弥补授粉媒介的不足，通过提高果实内胚珠受精概率，增加胚珠发育成种子的数量，同时连接胚珠与果实壁胎座的珠柄也得到发育的机会，其薄壁细胞得以正常发育并贮存大量营养物质，与种子一起成为火龙果果实的主要食用部分。

图2-11　人工授粉

人工授粉尤其是亲和性强的品种之间进行人工异花授粉或其他媒介帮助授粉可促进坐果，往往可显著提高火龙果的单果重和商品果率，使得果实发育更大、更饱满。部分品种在自然授粉状态下也可能出现大果，但往往结果不稳定、商品果率低，其原因可能与授粉昆虫的活动有关。如果开花时天气好，授粉昆虫数量多且活跃，自然授粉出现大果的概率就比较高。人工授粉形成的果实，单果重存在一定的差异，这可能与操作差异导致花粉与柱头的有效接触面积和数量存在差异有关。

（5）**成花的条件** 火龙果是长日植物。当气温达到成花最低温度临界点以上，植株结果母枝接受长日照成花信号刺激一段时间后即可能成花结果。火龙果成花的充分必要条件为"长日照+日均温度大于22℃+成花感受态"。

在生产中，火龙果反季节诱导成花，总体成花枝率高的关键是须同时满足以下5个方面的条件：

①高效的诱导光波长，630纳米的红光，因此须选用专用灯具。②辐照光强≥100勒克斯，因此灯具的功率、光束角、田间挂灯须讲究。③昼温＞25℃、夜温＞20℃，因此开灯日期须在合适季节。④接收诱导成花的枝条生长状态须调至成花感受态，即花芽分化临界期。⑤诱导反季节成花结果须满足市场需求、可增产增收且是可持续发展的。

用大白话的形式表达："火龙果反季节成花关键技术＝光波长＋光照强度＋温度＋长日照＋生长状态＋经济可行性"。

知 识 拓 展

"红肉火龙果一年三茬栽培技术"以补光延长光照、反季节促花与持续去蕾疏花处理为关键调控措施，在准确把握周年管理关键技术与各个批次开花结果的时间节点的基础上，在保证丰产期年亩产不低于自然成花结果的前提下，每年生产3茬经济效益最高的果实，可有效缓解不同火龙果产区自然成熟上市时间和产量同步性高，鲜果上市高峰期与市场需求匹配度较低的问题。

（6）**成花现蕾的特点** 火龙果的成花现蕾与其他果树显著不同，具有快速性、多批性、集中性、间歇性、互扰性和同步性的特点，当气温达到成花最低温度临界点以上时，植株接受长日照成花信号刺激即可成花结果。认识和利用火龙果成花的特点和规律，对于进行火龙果花期和产果期的调节具有重要意义。

①快速性。火龙果的花芽当年分化当年抽生，花芽的生理和形态分化所需的天数都较短。在非自然开花结果期，只要对成熟饱满的植株给予20～40天的适宜温度和光照诱导，量天尺属的红皮红肉和红皮白肉品种即可能成花现蕾。在夏季自然开花结果期，田间甚至可以较容易见到"枝变花"的现象，即成熟茎蔓上抽生的新梢下半段是茎蔓、上半段是花果的现象。说明火龙果花芽生理和形态分化对于外界环境条件变化的响应可快速体现。

②多批性。多批性表现在两个方面，一是在自然条件下同一果园每年有13～15个批次开花结果，南宁自5月上旬至9月下旬平均每隔10～12天成花现蕾一个批次；二是在同一个枝条上若正常结果每年最多出现3批花蕾，若连续对同一个枝条上抽生的花蕾进行摘除，则在合适的光温与营养条件下该枝条每隔20～30天可抽生一批花蕾。

温 馨 提 示

　　6月下旬至7月上旬、8月下旬至9月上旬、9月中旬至10月上旬为每年火龙果集中开花结果的阶段，火龙果一般在5～11月抽蕾开花，自然抽蕾日期的迟早依种类、品种和气候条件各异。

③集中性。同一批次的花蕾抽生日期相对比较集中，一般在4～5天内抽生完毕，且多集中在2～3天成花现蕾；温度较低的秋季或早春的批次，同一批次花蕾抽生期所持续的天数相对较长，有的批次需要7～10天。量天尺属的红皮红肉与红皮白肉品种的成花现蕾集中性更显著；蛇鞭柱属的黄龙果（燕窝果）的成花现蕾集中性相对较弱，使得同一批次成花现蕾持续天数相对较长。

④间歇性。间歇性有两个维度，从某个果园的植株群体或不同结果枝蔓来看，每年第一个批次花蕾抽生之后，有一段时期全园基本无花蕾抽生，一般间隔10～15天再抽生下一批花蕾，如此反复直至末批次花蕾抽生；从单个枝条来看，蛇鞭柱属的黄龙果（燕窝果）不同批次的花蕾抽生间隔的时间较长。

⑤互扰性。以大红为例，相邻批次的"互扰性"表现在若某个批次

的花蕾抽生数量越大，则下一个批次的花蕾抽生数量就越小，尤其是当某批次的总结果枝率接近满茬结果状态时，后续几个批次的花蕾数量就很小；若对某个大批次的花蕾进行疏蕾或摘除，下一个批次的花蕾抽生数量亦无显著变化，但下下一个批次（隔20天左右之后）的花蕾抽生数量就要显著高于未对前一个批次进行疏蕾或摘除的对照处理。相邻茬次的"互扰性"表现在上一个茬次的花蕾抽生、开花及成熟采收日期的早晚会对下一个茬次造成干扰，上一茬次的果实成熟采收结束早，则下一茬次也早，反之亦然。

⑥同步性。同步性是指在我国不同纬度火龙果产区的自然开花结果期，同一批次花蕾抽生、开花的日期比较一致同步，甚至无花无果或少花少果也比较同步。尽管国内的不同火龙果产区之间，同一品种的抽蕾日期，温度较高的海南自然抽蕾的日期较早，越往北温度越低自然抽蕾的日期越晚。但在温度较高的夏秋季节，国内不同纬度、不同地区的相同批次现蕾、开花和果实成熟的日期仍是比较一致和相对同步的。同步性的产生也许主要是因为北半球夏季的白昼光照时长和温度值都达到了成花现蕾的临界值以上。

⑦过量性。夏季成花条件适宜时，火龙果经常存在着成花数量过多的倾向（图2-12），同一个枝条往往在同一个批次中，出现2～5个花蕾，甚至更多；往往同一批（茬）次花蕾全园的总成花数量远远大于最大负载量，此时需进行合理疏蕾疏花，以集中养分供应留树的花和果。

图2-12　火龙果成花数量过多

　　开花需要消耗大量的有机营养，若不及时疏蕾，往往会影响子房和果实发育，导致果实偏小和大果率偏低。

　　（7）周年成花结果节律的观测　由表2-3可看出，在广西南宁桂红龙1号红肉火龙果的自然产期内，现蕾期从4月下旬至10月上旬，成熟采收期从6月中旬至12月上中旬。高温季节批次，花蕾发育期需15～20天，果实发育期需30～35天；低温季节批次，花蕾发育期需25～40天，果实发育期需45～70天，低温季节的发育期明显变长。

表2-3　火龙果周年成花结果动态观测记录表

结果类型	春提早	自然成花结果期															秋延后			
批次编号	1	2	3	4	5	6	7	8	9	10	11	12	13	14	15	16	17	18	19	20
现蕾日期（月/日）	4/18	4/28	5/15	5/22	6/10	6/19	7/2	7/15	7/22	8/5	8/12	8/24	9/8	9/11	9/24	10/11	10/26	11/10	11/23	12/5
成熟日期（月/日）	6/10	6/19	7/6	7/11	7/29	8/7	8/19	8/31	9/7	9/21	9/28	10/11	10/26	10/31	11/18	12/12	1/6	2/4	2/28	3/31
自然产量	无	低	低	高峰	低	低	低	高峰	低	低	低	低	低	高峰	低	低	无	无	无	无

　　注：表中数据为2017年于南宁市的观测数据，品种为桂红龙1号。

　　①结果批次的概念。结果批次是指于同一植株的不同结果枝上，或者同一个果园内不同植株上，在相同或相近日期（通常是5～7天）内，相对同步出现的抽蕾、开花、结果和成熟的现象。

②大批次、中批次和小批次开花结果的划分。界定开花结果的大中小批次对于控制留花留果枝率（或花果比、枝果比）、疏花、套袋、病虫害防控、采收、估产、销售等具有重要意义。假设在某个茬次内全部的枝蔓都成花结果，实行一蔓1花（果），则总体成花结果枝率为100%（花果比或枝果比为1∶1）。因为一个茬次周期内通常包括5～6个批次，若5个批次的成花枝率都相同，则每个批次的成花结果枝率为20%。但在实际栽培生产中，为维持较高的一级果或大果率，多提倡一个结果茬次内总的成花结果枝率不宜高于50%，即将枝果比控制在2∶1以内。

大批次指单个批次的成花结果枝率＞25%的批次。从直观来说，若全园的结果枝平均每4个枝即留1个以上的花或果，则称之为"大批次"。大批次留花留果的口诀是"逢三留一"或"逢二留一"。以"一蔓8枝"树形为例，丰产期果园每株12个结果枝条，单个批次每株树留果＞3个，假设平均单果重400克，若每株结果数量＞3个，则单批次每亩留果＞3 000个果，单批次产量＞1 200千克/亩。

中批次指单个批次的成花结果枝率为15%～25%的批次。从直观来说，若全园的结果枝平均每4.1～5.9个枝留1个花或果，则称之为中批次。中批次留花留果的口诀是"逢四（枝）留一（花）""逢五留一"或"逢六留一"。以"一蔓8枝"树形为例，丰产期果园每株12个结果枝条，单个批次每株树留果2～3个，假设平均单果重400克，若每株结果数量2～3个，则单批次每亩留果1 800～3 000个，单批次产量720～1 200千克/亩。

小批次指单个批次的成花结果枝率＜15%的批次。从直观来说，若全园的结果枝平均每6个枝留1个或1个以下花或果，则称之为小批次。小批次留花留果的口诀是"逢七（枝）留一（花）"或"逢八留一"。以"一蔓8枝"树形为例，丰产期果园每株12个结果枝条，单个批次每株树留果＜2个，假设平均单果重400克，若每株结果数量＜2个，则单批次每亩留果＜1 800个果，单批次产量＜720千克/亩。

③结果茬次。结果茬次俗称结果造次，指于同一结果枝从现蕾到开花再到成熟采收，包括"间隔期—现蕾期—开花期—成熟期"共4个发育阶段。

④批次与茬次之间的关系。为方便火龙果产期调节的描述，避免开

花结果茬次与批次的概念混淆，作者建议做如下界定："茬次"是指成花结果周期，对于单个结果枝而言一个茬次即是一个成花结果周期；而对于植株群体或果园而言，一个茬次是指一个大批次花蕾集中现蕾至成熟采收结束的一个成花结果周期，包括该大批次花果发育周期的前后若干个小批次花果都同属该"茬次"。换言之，火龙果一个"茬次"包括若干个峰前批次（通常成花数量和比例不高）、高峰批次（成花数量和比例高）和峰后批次（通常成花数量和比例也不高）。"批次"通常是相对于一个植株群体或果园而言，是指于3～4天内同时或集中现蕾、开花和成熟的同一批花果。

产期调节措施或其他因素可能影响干扰"茬次"峰出现日期的早晚或峰值的高低，也可能影响到同一"茬次"内的相邻"批次"花果出现日期的早晚或峰值的高低；相邻"茬次"和"批次"花果之间的峰高值和出现的早晚也可能相互影响干扰。这是制定产期调节计划方案的认识基础之二。在南宁气候区，从同一个结果枝来看，若都正常开花授粉结果，茬次等同于批次，每年至多可开花结果3茬（批）次；若从自然第1批现蕾开始，每个批次都于幼蕾期进行全部摘蕾，那么该枝条在一年中总共有13～15次现蕾的机会。

"满茬结果"是单个茬次结果满负荷的简称，是指单位面积果园单个茬次最多能负载的果实重量。由于发育期所经历的季节和气候不同，不同茬次花果"满茬结果"的总体成花结果枝率是有差异的。满茬结果的模式有单个批次满茬、两个批次累加满茬、多个批次累加满茬等。

满茬结果的结果枝率，通常秋茬果＞春茬果＞夏茬果。生长势中上的果园，大红品种满茬结果的结果枝率秋茬果为40%～50%，春茬果为33%～50%，夏茬果为25%～33%。若果园已达到满茬结果状态，通常后续批次的现蕾数量就会大大减少，即使有小批次现蕾成花也应及早摘除不宜予以保留，以集中养分生产大果优果。在适宜成花结果的季节，若果园单个大批次开花结果未达到满茬结果状态，后续批次仍可陆续现蕾，可继续留花留果，直至相邻几个批次的累计成花结果枝率或花果总数量达到满茬结果状态。

单个批次满茬指单个大批次成花结果枝率达25%～50%，保留单个批次果即达到或接近该茬果满茬结果状态所需的枝果比、果实数量和单位亩产量。在南宁，最理想的第一茬果调控是促使春提早－1批或春提早-2批其中的某个批次的结果枝率达到50%，单批次产量约为2 400千克/亩，>400克的大果率和优等果率达80%以上。满茬之后的批次的花和果，在幼蕾期或中蕾期全部摘除，以集中养分供植株上的花和果，直至该茬次的果实采收结束，植株枝条营养恢复，再开始留放下一茬花果。

两个批次累加满茬指一个批次的总体成花结果枝率未达满茬结果状态，缺口的部分需要由第二个批次接着留花留果，直至累加达到该茬果满茬结果状态所需的枝果比、果实数量和单位亩产量。

多个批次累加满茬指需要3个或3个以上的批次累加才可达到该茬果满茬结果状态所需的枝果比、果实数量和单位亩产量。

由于在每茬果的时间跨度内不同批次果的售价经常有差异，种植者总是希望售价最高的批次能实现"单个批次"即可满茬，而且单个批次满茬的栽培管理是最方便的，在生产中可根据最小投入最高产出的原则选择不同的满茬留花留果模式，通常模式选择的优先次序是：单个批次满茬>两个批次累加满茬>多个批次累加满茬。极端理想的情况是，一年留3茬果，每茬果都是单个大批次满茬，且每个批次果的单产、成熟期、优等果率和市场单价都是在全年所有批次中最高或最优的。

但在实际生产中，受多方面因素影响，往往较难做到单个大批次满茬的状态，或者大面积果园为了缓解采摘和销售过度集中，需要采用两个批次累加满茬、多个批次累加满茬等模式。多个批次累加满茬模式下，各个批次的物候期重叠交叉形成多代同堂现象，往往难以兼顾到病虫害防治效果和农药残留。例如四代同堂时，最早的批次果实往往已经转色即将成熟采摘，此时最晚批次和中间批次恰逢蓟马防控的关键时期，若进行喷药则会导致农药残留超标，若不进行喷药则错过蓟马防控的时机。

⑤一年三茬栽培模式。火龙果一年三茬栽培模式是指于同一火龙果园或地块，在年生长周期的开花结果阶段分别培养三个茬次花果，每个茬次的物候期与下一茬果的物候期完全分开且间隔期清晰、互不重叠交叉的栽培模式。

一年三茬栽培模式基本原理是，在2个月左右的单茬果发育期时间跨度内，可用于开花结果的营养都是有一定限度的，也就是说单茬果的亩产量是有极限的。未达到满茬状态时，可继续留后续批次与增加后续留果数量补足满荏；当达到满荏状态时，继续增加留花留果数量，只会降低平均单果重，而不会增加该荏次的平均单产。一年三荏栽培管理可以方便地进行产果期和果实产量峰的优化，提高栽培年总产量效益效率，同时利于根据各个荏次的峰值批次花果的物候发育进程对重点栽培措施和技术进行制定和计划安排，还可减少因多批次留花留果而导致喷药、摘花冠、套袋、采收、销售等总次数增加和因物候重叠导致病虫害防控的难度增大等问题。

5. 果实

（1）**形态结构**　火龙果的果实为浆果，由子房发育而成。果实的性状也是火龙果种类、品种和品系分类的主要依据。子房的外壁发育成外果皮，中壁发育成内果皮即海绵层，内壁为心室发育成果肉。果肉是由种子与肉质化的种柄组成，是果实食用的主要部分（图2-13）。

果萼/鳞片

龟裂片

果脐
果皮
种子
果肉
果柄

图2-13　火龙果果实结构

（2）**果实发育**　延长采收时间，如无病虫害和裂果的影响，果重仍可持续增加。部分品种成熟后留树时间过长，会导致果肉糖度下降，出现风味不良和果实口感变差等现象，还会影响该枝条恢复饱满以及下一批花蕾的抽生，因此果实成熟后应及时采收。

果实的发育过程随着果实的增大，内部发生组织结构和生理的变化，表现出阶段性。最先是花冠的黄化、子房略微膨大，接着是果皮、种子和果肉的生长，然后是果肉的膨大转色增糖，最后果实达到成熟，果皮果肉呈现果实品种固有的色泽风味。根据果实器官的发育过程和特点，可分为以下5个时期：

①花冠离层期。指从某批次盛花起至该批次花的花冠黄化凋谢，且在与子房交界处形成黄绿分层的时期，通常是盛花后第3～5天花冠离层形成。宜在黄绿分层明显后及早摘除黄化花冠，以避免黄化花冠滋生病虫害污染果实表面。

②幼果期。指从花冠离层形成起至幼果分大小的时期，通常是盛花后第4天至盛花后第10天。该时期受精正常的果实果皮呈青绿，果实纵横径缓慢增大；而受精不正常的果实果皮颜色饱和度低，果实纵横径增长幅度缓慢甚至停止发育，逐步黄化。在这个时期的中后期，通过外观颜色与大小可区分出受精是否正常良好，宜及早摘除受精不良的小果，以促进该枝条上后续批次的花蕾尽早抽生。

③中果期。指幼果分大小起至果实横径达到6厘米时为止的这段时期，通常是盛花后第10到第17天。该时期果实纵径增长较快，横径缓慢增大；果实内受精胚珠快速增大，种胚呈透明液体状，种皮呈白色，种柄细胞快速分裂并缓慢膨大。

④果实膨大期。指果实横径≥6厘米时起至果鳞或果皮开始出现微红色为止的这段时期，通常是盛花后第17至第24天。该时期果实纵径缓慢增长，横径增加迅速，果实内种胚逐步发育成白色固体状，种皮逐渐变黑，种柄细胞体积快速膨大，同时果实快速膨大，但果肉尚未出现该品种的特有颜色。

⑤成熟期。指果鳞或果皮开始出现微红色至果皮完全转红充分成熟为止的这段时期，夏季通常是盛花后第24天至盛花后第28～35天。该时期果实纵径几乎无增长，横径缓慢增加，果萼鳞片逐渐变软变红或变黄绿，果实内的种子已经充分成熟变黑变硬，果肉（肉质化种柄）细胞快速膨大并逐渐出现该品种的特有颜色，果肉逐渐变软，果胶、糖分等增多，淀粉、果酸减少，果实风味逐步增加。

6. 火龙果批次命名

笔者倡议将全年的现蕾盛花成熟的批次统一命名为："自然第×批"、"×月×旬现蕾批"、"×月×旬盛花批"或"×月×旬红熟批"。四种命名法，各有其直观性，其对应关系大致如表2-4。按出现次序命名法，方便各方统一理解，但对某批次的物候不易形成直观印象；按现蕾日期命名法，方便种植者进行产期调节；按盛花日期命名法，方便种植者预测预报果实成熟日期；按成熟日期命名法，方便种植者、销售者与消费者进行沟通。"批次名称"命名的统一化与对应关系的明确，可方便业界各方进行交流和信息传递。

表2-4 红肉火龙果各批次命名与"三茬果"的划分对照表

茬次	按出现次序命名批次	批次代号	按现蕾日期命名批次	按盛花日期命名批次	按转红成熟日期命名批次	各批次理想的结果枝率	栽培措施
第一茬花果发育期F1（4 200个/亩总体结果枝率35%）	春提早-2批	B（-2）	4月上旬现蕾批	4月下旬盛花批	5月下旬红熟批	10%	补光，多留花
	春提早-1批	B（-1）	4月下旬现蕾批	5月上旬盛花批	6月上旬红熟批	20%	补光，多留花
第二茬花果发育期F2（3 000个/亩，总体结果枝率25%）	自然第1批	B（1）	5月上旬现蕾批	5月中旬盛花批	6月中旬红熟批	5%	尽量留满茬
	自然第2批	B（2）	5月中旬现蕾批	5月下旬盛花批	6月下旬红熟批	—	补满茬后摘蕾
	自然第3批	B（3）	5月下旬现蕾批	6月上旬盛花批	7月上旬红熟批	—	补满茬后摘蕾
	自然第4批	B（4）	6月上旬现蕾批	6月下旬盛花批	7月下旬红熟批	—	补满茬后摘蕾
	自然第5批	B（5）	6月中旬现蕾批	7月上旬盛花批	8月上旬红熟批	—	摘蕾
	自然第6批	B（6）	6月下旬现蕾批	7月中旬盛花批	8月中旬红熟批	—	摘蕾
	自然第7批	B（7）	—	—	—	—	摘蕾
	自然第8批	B（8）	7月中旬现蕾批	7月下旬盛花批	8月下旬红熟批	—	摘蕾
	自然第9批	B（9）	7月下旬现蕾批	8月上旬盛花批	9月上旬红熟批	10%	尽量留满茬
	自然第10批	B（10）	8月上旬现蕾批	8月中旬盛花批	9月中旬红熟批	15%	补满茬后摘蕾

（续）

茬次	按出现次序命名批次	批次代号	按现蕾日期命名批次	按盛花日期命名批次	按转红成熟日期命名批次	各批次理想的结果枝率	栽培措施
第二茬花果发育期 F2（3 000 个/亩，总体结果枝率25%）	自然第11批	B（11）	8月中旬现蕾批	8月下旬盛花批	9月下旬红熟批	—	摘蕾
	自然第12批	B（12）	8月下旬现蕾批	9月上旬盛花批	10月上旬红熟批	—	摘蕾
第三茬花果发育期 F3（6 000 个/亩，总体结果枝率50%）	自然第13批	B（13）	9月上旬现蕾批	9月中旬盛花批	10月下旬红熟批	—	摘蕾
	自然第14批	B（14）	9月中旬现蕾批	9月下旬盛花批	11月中旬红熟批	—	摘蕾
	自然第15批	B（15）	9月下旬现蕾批	10月上旬盛花批	12月上旬红熟批	10%	适量留花
	秋延后+1批	B（+1）	10月上旬现蕾批	10月下旬盛花批	12月下旬红熟批	40%	补光，留满茬
	秋延后+2批	B（+2）	10月中旬现蕾批	11月上旬盛花批	翌年1月红熟批	—	补满茬后摘蕾
	秋延后+3批	B（+3）	10月下旬现蕾批	12月上旬盛花批	翌年3月红熟批	—	摘蕾

注：以南宁产区每亩保留有效结果枝12 000个的丰产期果园为例。

二、生长环境要求

火龙果原产热带中美洲，广泛分布于中美洲至南美洲北部，大多生长于海拔800米以下的地区（图2-14）。作为原产于中、南美洲旱雨季交替或热带雨林中的一种附生攀爬型的仙人掌类植物，火龙果在长期适应环境的过程中，进化形成一些与其原产地的生长环境相适应的可遗传的形态结构、生理功能特点和生活习性。栽培上应尽量创造相似的生长条件和环境，果树才能生长发育良好。

图2-14　火龙果原生环境

　　火龙果的生长习性既有与其他热带果树的共同和相似之处，也有其个性和独特之处。火龙果适应半阴至全光照、终年温暖、土壤湿润及空气湿度较高的环境。

　　1. 果树生长特性　光合作用过程固定CO_2方式为景天酸代谢途径，属C4植物，是耐长期干旱的光合作用高效型植物。外界环境条件不良时植株开启休眠和应激保护生长模式以渡过逆境期，条件适宜时逐步切换至快速生长模式。每年可多个批次成花结果，具有过度繁殖倾向。花和果实发育期短，花果期对树体营养积累要求高。虫媒花、异花授粉、多种子果实、需授粉受精良好。幼嫩组织（茎蔓刺座、花萼尖端）分泌蜜露，可指示植株生理状况。成熟枝对病害和逆境因素的抗性或耐受力强，嫩枝抗性或耐受力弱。

　　2. 环境适应性　火龙果生命力顽强，对不良环境的适应性较强，但欲达到丰产稳产、优质高效之栽培目的，须在了解该物种的环境适应性和生长习性的基础之上，创造和满足其生长发育需求（表2-5）。火龙果栽培管理的总指导原则是为火龙果创造适宜的生长环境条件（与原产地接近），应与其生长周期相适应，应与本园的人、财、物、天气和市场需求相适应。

表2-5 火龙果对环境的适应性及栽培技术要点

环境	喜欢	抗耐	避忌	栽培技术要点
光	光照	弱光	阴暗	优势气候区种植，合理安排行距、柱距、枝距、每亩有效结果枝数量
热	温暖	高温	寒冷	预防高温日灼、寒（冻）害，适时攻芽，适时留花留果
水	湿润	干旱	水涝	根际土壤湿润，避免涝害
土	疏松	黏重	缺氧	根际土壤疏松透气
肥	肥沃	瘠薄	浓肥	根际土壤培肥，水肥均匀

3. 火龙果对外界环境的要求

（1）**温度** 气温是影响火龙果生长的重要气象指标，是限制火龙果露地栽培分布的决定性因素，对火龙果的生存、产量和品质有直接影响。火龙果属于热带果树，喜温暖，怕高温，忌低温霜冻。火龙果露地栽培主要分布于年平均气温19℃以上的地区，绝对低温不低于−2℃。一般认为南亚热带北缘区是露地栽培的安全北限，在安全北限以北冬季更寒冷的地区栽培需要在保护地或有防寒设施才能安全越冬。只要植株能顺利越冬，火龙果的成花结果一般不是问题。在我国北方乃至新疆、内蒙古和东北地区均有规模化保护地栽培。适宜生产区的气候标准：年平均气温20～22℃，1月最冷平均气温＞12℃，极端最低气温＞4℃，日均气温≥10℃的累计积温为7 000～8 000℃。

火龙果新梢生长主要在温度适中的春季和秋季。当气温高于10℃时开始抽生新梢，新梢生长的适宜温度为18～30℃，营养充足时平均每天可伸长2厘米左右。当气温低于10℃或高于35℃时，不利于枝蔓的生长。当最高气温高于37℃且持续的时间较长时，枝蔓即可能产生日灼黄化或热障碍现象。枝蔓能忍受50℃左右的短时间骤热。当气温骤降至低于12℃时，嫩枝即可能出现冷害症状（黄色斑块）；若气温缓慢下降，即使气温低于12℃，嫩枝也可能安然无恙。气温低于4℃持续3天以上，霜冻、结冰均可能导致成熟枝蔓冻伤或植株死亡，火龙果的越冬栽培须高度关注。在空气湿度较低的条件下，火龙果成熟枝蔓可忍受−2～4℃的短暂低温天气。

火龙果自然成花结果主要集中在温度较高的夏秋季节。成花现蕾适宜的日温为28～35℃。当白昼最高气温低于28℃且持续天数较多时，不利于成花现蕾。盛花期当白昼最高气温高于35℃时容易出现受精不良、花而不实和坐果不良的现象。气温对果实着色、果品质量有明显的影响。昼夜温差大，可提高果实含糖量和促进着色。白昼最高气温高于35℃且持续时间较长时，可能导致阳面的果皮呈暗褐色且着色不良、果实糖度及风味下降，严重程度会随着温度升高和持续时间延长而加重，果实还可能产生日灼斑。夏季温度高时，果实生育期短，果实多而小且糖度较低。晚春（4～6月）和晚秋早冬（10～12月），果实发育期间昼夜温差大、光照充足，则果实外皮色泽鲜艳、鳞片较绿，果大且甜。当冬季气温过低时，容易导致果实形成"阴阳果"，即果实阴面转色慢而阳面着色正常，使阳面呈红色阴面呈绿色。夏季温度过高果实阳面过度暴晒，容易出现阳面暗褐色，而阴面着色正常的"阴阳果"。

（2）**光照**　火龙果为喜光植物，可适应光照条件差异较大的环境。一般地，适宜种植区域的年日照时数为1 400～2 200小时，果园夏季白昼时长≥13小时（高山谷果园有效光照时长不足）。适宜的光照强度为8 000勒克斯以上，光饱和点在20 000勒克斯左右，光补偿点在2 000勒克斯左右。在光照充足、紫外线较强、日照时间长的环境下，火龙果的枝蔓生长健壮，花芽分化良好，病虫害减少，果实着色良好，品质佳。光照充足有利于枝蔓积累碳水化合物，长日照有利于成花现蕾。

火龙果为长日照成花植物。当白昼最高气温高于28℃，且白昼时长大于12小时，持续时间大于20天时，火龙果的成熟枝蔓即可能自然成花现蕾。若白昼时长小于12小时，即使白昼最高气温高于28℃，火龙果的成熟枝蔓也不能自然成花现蕾。若白昼最高气温达到25～28℃，于夜间利用峰值波长610～660纳米的补光灯给予光信号诱导，经过20～40天持续诱导，火龙果的成熟枝蔓也可能大量成花现蕾。这是进行补光诱导火龙果产期调节，生产春提早和秋延后批次果实的主要理论依据。

火龙果作为附生类型的仙人掌类植物，对阴生环境也有很强的适应性。苗期及枝蔓可在较弱的光照或阴生环境下生长较好。当光照强度低于2 500勒克斯时，对营养积累有明显的影响。以色列有试验研究表明，遮阴度不超过50%有利于火龙果幼树和枝蔓的生长。

（3）**水分**　火龙果极耐干旱并可耐长期干旱。在干旱季节和温度较低的冬季，火龙果转为相对休眠（即不生长也不死亡）的状态，把体内养料与水分的消耗降到最低；当气温适宜与环境湿润时，植株苏醒，根系活跃，大量吸收水分和养分，使植株迅速生长并较快地开花结果，以便完成后代繁衍。尽管火龙果耐干旱，但栽培中想要获取高产优质，不可忽视土壤水分和养分的供应。

> 　　新梢抽生期、新梢生长期、现蕾期、开花期、幼果期、果实膨大期等对土壤缺水较为敏感，宜保持土壤湿润；采果前后、相对休眠期等须节制浇水，宜保持适度干旱。

　　当土壤湿度达田间持水量的60%～80%时最适合火龙果生长发育。遇连续数天晴天无雨，土壤相对含水量小于60%时应立即灌水。一般土壤条件下，年降水量在800～1 600毫米的地区适宜火龙果的生长发育。火龙果为多批次成花结果的常绿果树，若水分供应不足，开花结果的数量会大量减少，枝蔓也容易干瘪黄化。实践证明，火龙果植株每3天应有0.5千克水分摄入。过于干旱会诱发植株休眠而停止生长，降雨少、空气湿度低的地区容易诱发介壳虫。

　　火龙果的根系好氧，不耐浸水，且易裸露于畦面表土，水分过多易导致烂根或出现根腐病。一般树盘浸水24小时即会损及大部分新根。同时由于其根系浅而广布表层土，地表须全年维持湿润状态才能确保浅根系的活力。因此畦面应进行覆盖，沟面（作业道）应进行生草栽培。

　　空气湿度过大也会诱发红蜘蛛和一些生理病害。我国火龙果主产区属于夏湿区，雨热同步有利于开花结果，但降雨过多易发生湿害和病害，尤其是盛花时遇到降雨会导致授粉受精不良而无法坐果。因此，火龙果园雨后应及时排除园内积水，把地下水位降至1米以下，以免发生涝害。排水不良的园地，应于冬季设置暗管排水或修整排水系统。

　　（4）**风**　火龙果有气生根紧附于攀缘物上，由于没有庞大的树冠，只要支撑物坚固，很少受风害。但风力过大如台风，会造成枝蔓折断乃至栽培架倾倒。夜间的干冷或干热风，也容易导致幼树及嫩枝出现快速大量失水而黄化干枯。微风可防止冬春霜冻和夏秋高温危害，促进开花时的自然授粉受精。

三、生命周期

1. **实生树的生命周期**　是指由种子萌发长成火龙果实生树，经历种子萌芽、生长、多次开花与结实、衰老与死亡的个体生长发育完整历程。可将实生树的生命周期划分为幼年阶段、成年阶段和衰老阶段。幼年阶段（Juvenile Period，缩写JP）又称童期，是指实生树从种子播种后，到实生苗具有分化花芽潜力和正常开花结果能力的阶段。成年阶段（Adult Period，缩写AP）是指实生树进入性成熟阶段（具有开花潜能）后，在适宜的外界条件下，可随时开花结果的阶段。衰老阶段（Old Period，缩写OP）是指实生树从树势明显衰退直至死亡的阶段，表现为树体的骨干枝、骨干根逐步衰亡，枝条生长量小、细小纤弱，结果枝越来越少，年结果量少，果实小且品质差，体内生理活动下降，树冠更新复壮能力和抗逆能力显著下降。

2. **营养繁殖树的生命周期**　火龙果生产中所栽种的苗木大多是用成年阶段的枝条作为繁殖材料，通过营养繁殖（扦插、嫁接、组培等）获得的营养系苗木。由于这些苗木是成年阶段外植体的延续，理论上是随时可以开花结果的，但在生产中，这些苗木在成活后先要经历一个以营养生长为主的阶段才进入开花结果阶段。由于在进入开花结果前须造就成一个具备多级分枝、营养物质贮备充足的树冠，以有利于开花和坐果。所以，习惯上仍认为由营养系苗木长出的火龙果新植株也存在个体发育的生命周期。这个阶段通常称为营养生长阶段或幼年阶段。

3. **经济生命周期**　果树生产上，种植者往往更关注经济生命周期（Economic Life Cycle），简称"经济生命期"。经济生命周期是指果园建成后的生产期限，即从定植开始到果园不宜再继续作为经济栽培生产经营所经历的过程。火龙果的生命周期可达100年以上，但经济生命周期却通常只有十年至几十年。

为方便果园的标准化管理系统性方案的制定，从规划建园起至经济生命周期结束，按照时间先后顺序，一般将火龙果栽培生产全过程划分为四个阶段：规划建园阶段（Preparatory Period，缩写PP）、幼年阶段（Juvenile Period，缩写JP）、成年阶段（Adult Period，缩写AP）、老年阶段（Old Period，缩写OP）。每个阶段又可以进一步细分为若干个时期。

（1）**规划建园阶段（PP）** 是指果园设计规划完成后，依据规划开展果园建设工作的过程，以定植完成为结束标志。根据建园的先后顺序，可将规划建园阶段（PP）划分为3个时期：选址规划期（PP1）、整地起畦期（PP2）、配套建设期（PP3）。

主要特征：植株营养生长为主，根系和枝蔓离心生长旺盛，组织不够充实，碳水化合物积累不多。

主要任务：促进植株营养生长旺盛，尽快扩大营养面积，尽早形成预定树形，即形成一个具有多级分枝、一定枝蔓空间架构的树形，并增加营养物质的积累，以利于开花坐果和提高管理效率。

主要技术措施和中心工作：土肥水管理、整形修剪、绑蔓及其他。

（2）**幼年阶段（JP）** 是指从种苗定植到初次开花结果之前的这段时期。根据枝蔓和树冠生长发育的时间先后顺序，可将火龙果幼年阶段划分为5个时期：定植期（JP1）、缓苗期（JP2）、主蔓生长期（JP3）、第一批结果枝生长期（JP4）、第二批结果枝生长期（JP5）。火龙果幼年阶段通常需经历一年时间，即定植第1年。幼年阶段长短与栽培技术有密切关系。在环境条件与管理良好的情况下，火龙果的幼年阶段最短可缩至5～6个月。

主要特征：植株营养生长为主，根系和枝蔓离心生长旺盛，组织不够充实，碳水化合物积累不多。

主要任务：培养强大发达根系，促进植株营养生长旺盛，使得根系吸收面积和枝蔓光合面积迅速扩大，矿质营养和同化物质逐渐增多，尽早形成预定树形，即形成一个具有多级分枝、一定枝蔓空间架构的树形，为进入开花结果阶段奠定基础。

主要技术措施和中心工作：适时定植，土壤改良与培肥，合理施肥供水，绑蔓引蔓，整形打顶等。虽然火龙果苗木定植之后，在适宜的外界条件下可随时开花结果，但是若过早让植株开花结果，将对树冠和根系的快速扩展不利，还会延长果园进入到结果盛期所需的时间。所以，定植后须经历一定的生长阶段，等到植株的树冠发育到一定程度植株才能开花结果。

（3）**成年阶段（AP）** 指从植株具有稳定持续开花结果能力起，到产量开始下降和出现植株衰老退化的这一段时期。成年阶段大致为定植后第2～10年，管理良好的果园成年阶段可延长。根据结果特点，将成年阶段分为结果初期、结果盛期、结果后期。

①结果初期。指从果园初次成花结果起，到大量结果前的这段时期。该时期从定植第2年1～12月。也有果园为了提早收获，定植当年的9月就开始留花留果。

主要特征：植株仍然生长旺盛，营养生长与生殖生长同步，营养生长从占绝对优势逐渐过渡到与生殖生长平衡；根系继续扩展，须根大量发生，树体在枝龄较早的枝蔓上结果。这一时期所形成的花蕾和果实容易出现萼片偏少和果形畸形的现象，味偏酸偏淡。

主要任务：建成树冠骨架，培养结果枝组，在保证树体健壮生长的基础上，迅速提高产量。

主要技术措施和中心工作：轻度修剪或不修剪，继续放芽留梢，追肥从高氮配方逐渐转为中氮平衡配方，适时适量分茬次催花留果，保花保果等。

②结果盛期。又称为盛果期、达产期，指果园进入高产稳产的时期，即从开始大量结果或年单位面积产量达到目标产量时至产量开始降低的这段时期。该时期为定植第3～10年。

主要特征：树冠或根系均已扩大到最大限度，营养生长与生殖生长相对平衡，主蔓肉质逐渐变薄，中心维管柱木质化程度逐渐变高并增粗；每年分批次现蕾开花结果，产量达到最高峰；果实大小、形状、品质完全显示出该品种特性。

主要任务：平衡调节好营养生长和生殖生长，保持新梢生长、根系生长和开花结果之间的平衡。

主要技术措施和中心工作：加强肥水供应，实行细致的更新修剪，均衡配备营养枝、结果枝和结果预备枝，适度修剪，尽量维持较大的光合面积；适时适量分茬（批）次催花留果、保花保果等。结果盛期持续的时间因品种、砧木、气候条件和栽培技术等有较大差异。

③结果后期。指从果园产量开始降低直至产量明显降低，但尚有经济收益的这段时期。

主要特征：从高产稳产到出现产量明显下降，新梢萌发数量少，生长量小，结果量逐渐减少；主蔓已高度木质化；骨干根逐步衰弱并相继死亡，根系分布范围逐步缩小；结果枝在开花结果后恢复饱满所需的时间较长。

主要任务：注意适量留花留果，必要时牺牲某些茬（批）次果实，促进树势复壮、新梢生长、根系更新，以平衡树势。

主要技术措施和中心工作：深翻改土，增施肥水，适时促梢放梢，注意疏花疏果，尽量平衡树势等。

（4）**老年阶段（OP）** 又称为衰老阶段或衰老期，指生产上的衰老更新阶段，树体的生命活动衰退较为严重，产量明显降低到几乎无经济收益，甚至部分植株不能正常抽发新梢和开花结果以至死亡，需要重新种植更新的阶段。一般火龙果园多在定植第10年之后即进入老年阶段。在水肥与管理状态良好的情况下，有的火龙果园可在二三十年后才进入老年阶段。

老年阶段（OP）大致可划分为2个时期：衰退复壮期（OP1）和清树换种期（OP2）。市场需求变化、新品种新技术的出现等，也会促使火龙果园进行更新复种。

主要特征：从高产稳产到出现产量明显下降，新梢萌发数量少，生长量小，生长势弱，结果量逐渐减少；主蔓已高度木质化；骨干根逐步衰弱并相继死亡，根系分布范围逐步缩小；结果枝在开花结果后恢复饱满所需的时间较长。

主要任务：当树势衰退，果园产出降至投入产出平衡点以下时，需提前规划倒苗、重新翻种以及品种更新换代事宜。

主要技术措施和中心工作：参照结果后期。

四、年生长周期

火龙果植株在一年中随外界环境条件的变化出现一系列的生理与形态的变化并呈现一定的生长发育规律，这种随着气候而变化的生命活动过程称为年生长周期。火龙果为多年生果树，其经济生命周期内包括多个年生长周期。在本书中，凡是未有特指的情况下，"年生长周期"均指成年阶段的年生长周期。

火龙果在年生长周期中所表现出的生长发育的变化规律，通常由器官的动态变化反映出来，这种与季节性气候变化相适应的器官动态变化时期，称之为生物气候时期，简称物候期。根据自然生长状态的物候期标志事件进行划分，成年阶段火龙果的年生长周期可分为两个时期，即营养生长期（Vegetative Stage，缩写VS）和开花结果期（Floweringand Fruiting Stage，缩写FS）；其中，营养生长期包括相对休眠期（V1）和春梢生长期（V2），开花结果期包括第一茬花期（F1）、第二茬花果期（F2）和第三茬花果期（F3）。因此，一个完整的火龙果年生长周期共包括V1、V2、F1、F2、F3五个时期（表2-6）。自然状态下，在广西南宁火龙果主产区，红肉火龙果每年的年生长周期中各个时期出现的次序和日期变化不大；但由于各地的气候差异较大，或进行产期调节和栽培技术措施干预的情况下，不同产区和气候区火龙果年生长周期的五个时期可能会出现先后顺序和日期发生变化调整，也可能出现某个时期变短或不明显，还可能出现两个时期同步发生发展的情况。在本书中非特指的情况下，一般以广西南宁市火龙果主产区桂红龙1号和大红的自然生长状态下的物候期和时间节点作为基准。不同时期之间有时存在部分重叠现象，不同年份之间日期可能有1～2周的波动变化。

表2-6　火龙果成年阶段年生长周期的物候期划分

二级阶段划分	三级阶段（小物候期）划分	物候标志	日期	与上一物候标志的间隔天数
V1相对休眠期（每年1～2月）	—	无花、无果、少芽，春梢约5厘米	1～2月	—
V2春梢生长期（每年3～4月）	V2-1春梢抽生期	春梢长5～10厘米	2月下旬至3月上旬	—
	V2-2春梢伸长期	春梢长10～80厘米	3月中至4月中旬	10～20天
	V2-3春梢平伸期	枝梢水平伸展	4月中旬	30～40天
	V2-4春梢打顶期	掐尖打顶	4月下旬	10～20天
F1第一茬花果生长期（每年5～6月，包括春提早批、自然第1～6批，宜大批次留春提早批、自然第1～3批）	F1-B1-1第一茬花果现蕾前期*	无显著标志	4月下旬	—
	F1-B1-2第一茬花果花蕾期	花蕾长1～2厘米	5月上旬**	10～20天
	F1-B1-3第一茬花果盛花期	盛花	5月中下旬	14～16天

（续）

二级阶段划分	三级阶段（小物候期）划分	物候标志	日期	与上一物候标志的间隔天数
F1第一茬花果生长期（每年5~6月，包括春提早批、自然第1~6批，宜大批次留春提早批、自然第1~3批）	F1-B1-4 第一茬花果花冠离层期	花冠黄化	5月下旬	4~6天
	F1-B1-5 第一茬花果幼果期	绿果果径4~6厘米	6月上旬	10天
	F1-B1-6 第一茬花果中果期	绿果果径6~8厘米	6月中旬	10天
	F1-B1-7 第一茬花果成熟期	红果	6月下旬至7月上旬	5~7天
	F1-B1-8 第一茬花果采后恢复期	无显著标志	7月上旬至7月中旬	15~25天
F2第二茬花果生长期（每年7~8月，包括自然第7~12批，宜大批次留自然第8~9批）	F2-B9-1 第二茬花果现蕾前期	无显著标志	7月下旬	—
	F2-B9-2 第二茬花果花蕾期	花蕾长1~2厘米	7月下旬**	10~20天
	F2-B9-3 第二茬花果盛花期	盛花	8月上旬	14~16天
	F2-B9-4 第二茬花果花冠离层期	花冠黄化	8月上旬	4~6天
	F2-B9-5 第二茬花果幼果期	绿果果径4~6厘米	8月中旬	10天
	F2-B9-6 第二茬花果中果期	绿果果径6~8厘米	8月下旬至9月上旬	10天
	F2-B9-7 第二茬花果成熟期	红果	9月上中旬	5~7天
	F2-B9-8 第二茬花果采后恢复期	无显著标志	9月中旬	15~25天

（续）

二级阶段划分	三级阶段（小物候期）划分	物候标志	日期	与上一物候标志的间隔天数
F3第三茬花果生长期（每年9～12月，包括自然第13～15批、秋延后批次，宜大批次留自然第15批、秋延后批次）	F3-B15-1 第三茬花果现蕾前期	无显著标志	9月下旬	—
	F3-B15-2 第三茬花果花蕾期	花蕾长1～2厘米	9月下旬**	10～20天
	F3-B15-3 第三茬花果盛花期	盛花	10月上旬	14～16天
	F3-B15-4 第三茬花果花冠离层期	花冠黄化	10月中旬	4～6天
	F3-B15-5 第三茬花果幼果期	绿果果径4～6厘米	10月下旬至11月上旬	10天
	F3-B15-6 第三茬花果中果期	绿果果径6～8厘米	11月中旬至11月下旬	10天
	F3-B15-7 第三茬花果成熟期	红果	12月上旬	5～7天
	F3-B15-8 第三茬花果采后恢复期	无显著标志	12月中旬至12月下旬	—

注：*用"Fa-Bb-c"表示某个批次，a为第a年，b为第b批，c为该批的第c个物候发育期），其中取值范围a＝1～3，b＝-5～20，c＝1～8。第一茬以自然第1批次（B1）为典型代表，第二茬以自然第9批次（B9）为代表，第三茬以自然第15批次（B15）为代表。**为该茬次适宜大批次留花的主要批次的小物候期日期。

1. 年生长周期中各发育时期的特点

（1）**营养生长期**（1～4月） 是从上一年的末茬（批）次果实采收结束或秋冬梢停止生长进入相对休眠期起，至春梢打顶老熟或者本年度首个批次花蕾现蕾为止的发育阶段。

①相对休眠期（V1）。通常为1～2月，起始标志是上一年的末茬（批）次果实采收结束或秋冬梢停止生长进入相对休眠期，结束标志是春梢大量整齐抽生且长度约5厘米。之所以称为"相对休眠期"，是因为火龙果的根系、枝条、芽体并非真正的休眠，只是低温时生命活动微弱，

只要低温干旱等逆境条件消除，仍能保持较为旺盛的生命活动。此时期新根缓慢生长、枝条逐渐充实、冬果膨大转色成熟，有时还抽冬芽，此时枝蔓的光合作用并不停止。此时期，大量抽发的冬梢容易遭遇寒冻害，南亚热带偏北的产区冬果容易遭受寒冻害，易出现着色不良、阴阳果、铁锈状寒害斑等；热带产区冬果生长正常，若进行补光还可不断现蕾开花，连续生产冬茬果和春茬果。

该时期的果园中心任务是做好采后修剪和果园清园，避免冬梢大量抽生，同时还要注意预防寒冻害。

②春梢生长期（V2）。又叫新梢生长期，通常为3～4月，起始标志是春梢大量整齐抽生且长度约5厘米，结束标志是多数春梢下垂打顶长度约90厘米或者本年度首个批次花蕾现蕾。在春梢生长期，随着气温的逐步回升，火龙果的根系活动日渐活跃，新根大量萌发，植株光合产物的分配中心为新根和春梢的生长；枝蔓陆续进入春梢萌发期、春梢伸长期、春梢平伸期、春梢打顶充实期；当白昼气温回升至25℃以上，若补光一段时间，春提早批次果的花蕾陆续进入现蕾期、盛花期。此时期，南亚热带偏北的产区，有时会遭遇倒春寒，易使抽发春梢遭遇寒冻害，出现铁锈状寒害斑和黄化腐烂等；热带产区春茬果生长正常，若进行补光可不断现蕾开花，连续生产春提早果。

该时期的果园中心任务是促春梢适时整齐抽生，并保障其健康正常生长和如期打顶老熟，同时还要注意预防倒春寒。

（2）**开花结果期**（5～12月）　又称为生殖生长期，是从本年度首个茬（批）次花蕾现蕾起，至本年度末茬（批）次果实成熟采收结束止的发育时期，分为第一茬花果期（F1）、第二茬花果期（F2）、第三茬花果期（F3）。

①第一茬花果期（5～6月）。第一茬果也可称为春茬果，该茬次的发育期（抽蕾、开花和成熟）主要在晚春、初夏季节进行。第一茬花果期是从年度首个批次花蕾现蕾起，至年度第一个大批次（或累计成花结果枝率＞35%）的果实成熟采收结束为止。

自然成花结果的第一茬花果生长期的单个批次发育天数大约需50天。第一茬花果期通常包括自然第1批至自然第6批，若实施补光诱导春提早栽培还包括春提早的若干批次。在不实施补光或其他产期调节措施的情况下，自然第2批、自然第3批、自然第4批的其中某个批次出现大批次现蕾开花结果的概率较大。"一年三茬（熟）栽培"产期调节的目标是将第一茬果大批次的现蕾期从5月中旬之后调节至5月中旬之前，盛花期从5月下旬以后调节至5月下旬之前，成熟期从6月下旬以后调节至6月下旬之前。较为理想的情况是，第一茬果大批次现蕾期为4月中旬至5月上旬，总体成花枝率≥40%，总体结果枝率宜达40%左右。当第一茬果总体成花枝率≥40%后，将之后若干批次的花蕾全部摘除，使营养可集中供应于第一茬花和果实的发育。第一茬次果实质量较好价格也较高，生产上一般作为次重点来抓产量。在第一茬花果生长期，火龙果植株光合产物的分配中心逐步转为春梢的充实和第一茬果花蕾与果实的发育；新根在大批次果实或第一个茬次果实发育期内数量减少，至果实采收完之后才又出现生长高峰；春梢充实成熟、夏梢萌发（成花结果少的植株），二年生及以上枝条随着枝条养分向大批次果输送转移，出现阶段性的干瘪现象，采后逐渐恢复饱满。

该时期的果园中心工作是促第一茬果适时整齐抽生，并保障其正常开花结果。

②第二茬花果期（7～8月）。第二茬果也可称为夏茬果，该茬次的发育期（抽蕾、开花和成熟）主要在盛夏季节。第二茬花果期（F2）是从年度第一个茬次的果实成熟采收结束起至年度第二个大批次（或第二茬累计成花结果枝率＞30%）的果实成熟采收结束止。

自然成花结果的第二茬花果单个批次的生长期的发育天数大约需45天。第二茬花果期通常包括自然第7批至自然第12批。若不实施产期提早栽培与花蕾摘除调节的情况下，第二茬果大批次通常在8月中旬之后现蕾，在9月下旬之后成熟。由于第二茬果大批次果成熟采收结束后，需经过11～22天的恢复期，这样往往会影响到第三茬果的花蕾于10月上旬前后大批次现蕾，而只出现总体成花枝率＜16%的小批次现蕾。由于在一个周年当中，第三茬果的外观品质最好、价格最高，若第三茬果的总体成花结果枝率过低，则会降低全年的平均亩产值。第二茬果实质量和价格相对不高，生产上一般不作为重点来抓产量；但其成花结果的时间节点控制，对第三茬果的大批次成花结果有着直接的影响，需重点抓好时间节点和生长发育节奏。

该时期的果园中心工作是促第二茬果适时整齐抽生，适量留花留果并保障其正常开花结果，同时还要注意预防高温热障碍。

③第三茬花果期（9～12月）。第三茬果也可称为秋冬茬果，该茬次的发育期（抽蕾、开花和成熟）主要在秋冬季节。第三茬花果期是从年度第二个茬次的果实成熟采收结束起至年度末茬（批）次果实成熟采收结束为止。第三茬次果实质优价高，生产上一般作为重点来抓产量。在第三茬花果期，新根在第二茬果大批次果实采收完之后出现小生长高峰，之后在第三茬果实发育期内生长数量减少，至果实采收完之后才又出现生长高峰；秋冬梢萌发（成花结果少的植株），二年生及以上枝条随着枝条养分向大批次果输送转移，出现阶段性的干瘪现象，采后逐渐恢复饱满。

该时期的果园中心工作是促第三茬果适时整齐抽生，足量留花留果并保障其正常开花结果，同时还要注意预防早霜寒冻害。

2. 年生长周期内的开花结果批次命名

为方便描述与纵横向比较，考虑国内大部分红肉火龙果露地栽培产区的物候节律，笔者倡议将全年的现蕾盛花成熟的批次统一命名为："自然第×批"、"×月×旬现蕾批"、"×月×旬盛花批"或"×月×旬红熟批"。四种命名法，各有其直观性。

按出现顺序命名，方便各方统一理解，但对某批次的物候不易形成直观印象；按现蕾日期命名，方便种植者进行产期调节；按盛花日期命名，方便种植者预测预报果实成熟日期；按成熟日期命名，方便种植者、销售者与消费者进行沟通。"批次名称"命名的统一化与对应关系的明确，可方便业界各方进行交流（表2-7）。

在南宁大红火龙果，开花结果期为5～12月。通常自然第1批于5月上旬（5月5日）前后开始。自然第15批次于9月下旬（9月25日）前后现蕾，此后停止自然现蕾。首批与末批现蕾相隔144天，一般每隔10～13天现蕾一批。若实施补光诱导产期调节栽培技术，春季可提早多现蕾2～3个批次，秋季可延后多现蕾3～4个批次。

表2-7　红肉火龙果年生长周期内的开花结果批次命名对照表

序号	按出现顺序命名	按盛花日期命名	按转红成熟日期命名	产区
1	春提早-3批B-3	4月上旬盛花批	5月上旬红熟批	海南
2	春提早-2批B-2	4月下旬盛花批	5月下旬红熟批	海南、广东湛江及其他产调区

（续）

序号	按出现顺序命名	按盛花日期命名	按转红成熟日期命名	产区
3	春提早-1批B-1	5月上旬盛花批	6月上旬红熟批	海南、广东湛江及其他产调区
4	自然第1批B1	5月中旬盛花批	6月中旬红熟批	广西、广东、福建、云南、贵州
5	自然第2批B2	5月下旬盛花批	6月下旬红熟批	广西、广东、福建、云南、贵州
6	自然第3批B3	6月上旬盛花批	7月上旬红熟批	广西、广东、福建、云南、贵州
7	自然第4批B4	6月下旬盛花批	7月下旬红熟批	广西、广东、福建、云南、贵州
8	自然第5批B5	7月上旬盛花批	8月上旬红熟批	广西、广东、福建、云南、贵州
9	自然第6批B6	7月中旬盛花批	8月中旬红熟批	广西、广东、福建、云南、贵州
10	自然第7批B7	—	—	广西、广东、福建、云南、贵州
11	自然第8批B8	7月下旬盛花批	8月下旬红熟批	广西、广东、福建、云南、贵州
12	自然第9批B9	8月上旬盛花批	9月上旬红熟批	广西、广东、福建、云南、贵州
13	自然第10批B10	8月中旬盛花批	9月中旬红熟批	广西、广东、福建、云南、贵州
14	自然第11批B11	8月下旬盛花批	9月下旬红熟批	广西、广东、福建、云南、贵州
15	自然第12批B12	9月上旬盛花批	10月上旬红熟批	广西、广东、福建、云南、贵州
16	自然第13批B13	9月中旬盛花批	10月下旬红熟批	广西、广东、福建、云南、贵州
17	自然第14批B14	9月下旬盛花批	11月中旬红熟批	广西、广东、福建、云南、贵州

（续）

序号	按出现顺序命名	按盛花日期命名	按转红成熟日期命名	产区
18	自然第15批B15	10月上旬盛花批	12月上旬红熟批	广西、广东、福建、云南、贵州
19	秋延后＋1批B＋1	10月下旬盛花批	12月下旬红熟批	海南、广东湛江及其他产调区
20	秋延后＋2批B＋2	11月上旬盛花批	翌1月红熟批	海南、广东湛江及其他产调区
21	秋延后＋3批B＋3	12月上旬盛花批	翌3月红熟批	海南

第 3 章
果园建立

一、果园建立的前置工作

火龙果园建立（PP）是基础性环节。建园好坏直接影响到果树生长、生产效率和经济效益。栽培火龙果需要搭建栽培架，相应地建园须与立地条件、果树特性、栽培技术、现代生产管理方式等相适应，需综合考虑多项科学技术应用和综合配套措施。若是待果园建成之后才发现某些方面的设计不合适或不科学，往往为时已晚，进而影响生产。因此，应在项目策划、园地选择和果园规划设计的起始环节，事先进行充分的考察调研、科学论证再做出决策，按照现代化果园的要求进行规划建园（图3-1至图3-3）。

图3-1　管理精良的高产优质平地果园（左）与管理粗放的低产老化山地果园（右）

图3-2　标准化建园

图3-3 建园标准不高的火龙果园（左）和建园标准高的火龙果园（右）

1. 项目策划（PP1） 是火龙果园经营的起始环节，也是果园建立的前置环节，是为实现总体经营目标的整体指导和控制依据。经营火龙果园项目为低门槛难退出的投资项目，须经仔细调研和论证再谨慎入行。果园项目策划包括论证、设计、估算、建设、栽培生产、运营全过程的一揽子计划活动策划，具有可行性、功利性、创造性、时效性和超前性。

火龙果的园地选择

良好的策划须充分考虑园地选择、果园规划、品种选择、栽培生产技术、企业化管理、投资运营、重大风险防范等重大关键事项，是规模果园能否快速盈利和健康持续发展的关键和保障。果园经营成功的关键是优势品种＋优生种植区＋优秀团队＋优良技术＋良好管理＋优异品质。

规模果园项目运营，宜根据"中国特色的火龙果家庭农场"经营需要，以"模块化集成系统"进行规划和组织种植生产，系统由可商业外包的或独立核算的若干个专业板块构成，包括整体设计板块、规划建园板块、水肥管理板块、植保管理板块、土壤管理板块、植株管理板块、采收及采后商品化处理板块、销售品牌板块、农机水电板块、采购后勤仓储板块、统筹综合管理板块，具备智慧化、自动化、机械化、规模化、集约化、轻简化、标准化、精品化、人性化、最优化、可复制等特征。

2. 园地选择（PP2） 园地选择评价须综合考虑气候、地形、水利、土壤、地理交通和产业基础等，其中种植区气候为首要考虑因素。

（1）**种植气候区域选择** 根据火龙果生物学特性和对外界环境条件的要求，可将种植气候区域分为优生区、适宜区和非露地栽培区（或特殊优势区）。

①优生区。也称作最适宜栽培区或优势栽培区，在果品质量、产量、产期等方面具显著比较优势，易发挥出最佳效益的栽培区。优生区具稀缺性和自然比较优势，选择优生区建园可首先获得天赋优势加持。

红肉火龙果优生区的气候条件要求：年平均气温19～22℃，无霜期>360天，1月最冷平均气温>15℃，年极端最低气温多年平均值>4℃，极端最高气温<40℃，日均气温≥10℃的积温为7 000～8 000℃，昼夜温差大，夏季昼夜温差达10～16℃；阳光充足，年日照时数>1 400小时；降雨均匀，空气湿度偏湿至干燥，年降水量800～2 000毫米；风力缓和，年平均台风数≤3个，阵风风力<10级，夜间不常出现干风和大风。

该区域主要分布在热带常绿果树带，主要包括雷州半岛、海南省、滇南河谷以及台湾省南部，处于中国热带雨林、季风雨林地带。

②适宜区。主要覆盖荔枝龙眼经济栽培北界以南地带，包括闽东南、粤桂南部、滇南和台湾省大部。年平均气温18～21℃，无霜期>340天，1月最冷平均气温>8℃，年极端最低气温多年平均值>0℃，极端最高气温<40℃，日均气温≥10℃的积温为6 000～7 000℃。

③非自然优生区。为露地栽培非适宜区，但可以进行保护地栽培。主要位于荔枝龙眼经济栽培北界以南地带，包括亚热带、温带常绿和落叶果树带。

（2）**果园选址**　火龙果为经济周期较长的经济作物，果园选址确定之前宜进行详尽的园地基本情况调查，以获得良好的生产条件和规避重大风险。调查完毕之后应撰写"选址调查分析报告"。

①社会环境。宜选择人文、政策环境好的地区投资建园，同时宜选择符合产业区域规划布局的地区，以及农业区位条件好、劳动力数量充足且素质较好，具有一定的产业配套条件，现有的果园经营良好、产销畅顺及经济效益良好的区域，以便于获取物资、信息、物流、产业服务等，今后经营果园的成本相对较低，不确定性风险相对较小。

②立地条件。立地条件是重要技术性指标，分为常规因素和附加因素评价，其中常规因素包括水源、地貌、朝向、土壤、灌溉排水设施等；附加因素要求交通便利、植被生长良好、周边无污染源。常规因素方面，海拔高度<1 000米，正茬果优生区的海拔在800～1 000米，坡度≤15°，地块宜坐北朝南，避开风口，土壤肥沃疏松、排水良好，地下水位低于60厘米，壤性或沙壤性土，土层厚度>80厘米，有机质含量>3%，

耕作层pH5.5 ~ 7.0，质地疏松，无环境污染，灌溉水源充足，水质达到农业灌溉水标准，日供水能力≥1.0米³/亩。

　　果园选址确定之前，应收集该地区的天气资料，亲自走访调查该地块过去10年作物遭受霜冻灾害、洪水涝害的情况。若过去10年，该地块及所属区域曾发生过重大自然灾害，建议慎重评估选址。此外，果园面积宜≥100亩，土地边角较整齐。地块内有老果园、坟地、建筑物、高压电塔、电线杆、地下管道等，需要迁移、隔离保护的土地应慎重考虑。

　　（3）**果园地块测绘**　果园测绘地形图可通过GPS或测亩仪进行丈量，或者用Map Source软件或手机软件"两步路（户外助手）"制作果园地形地图。测量并绘制1∶1 000的地形图，标绘出等高线、高差、地物、水源水利、边界边角、经纬度等。以地形图作为基础，绘制出土地利用现状图，供后续的园区规划设计使用。

　　（4）**地块承包租赁**　土地承包租赁有较多注意事项，比如权利归属、租赁土地的用途等重大风险须提前规避，签订合同之前宜咨询相关经验丰富的专业律师。先到属地的国土资源部门了解地块的性质是荒地还是农田保护地，宜有当地村委会出面接洽，火龙果建园地块的经营租赁期宜在15年以上。

温馨提示

　　建立果应避开基本农田，园尤其是永久基本农田；土地需要取得经营权，经营时间宜≥20年；需要签好合同避免地块使用权属纠纷，涉及基础设施的建设和土地用途变更及以后的资产处置，需先到当地农业主管部门进行咨询，并在合同中事先约定。

二、果园规划与设计

　　果园规划与设计的原则包括：营利性导向、科学周到、精确细致、生产优先、轻简高效、生态安全、标准化、机械化、智慧化等。果园规划与设计须在符合投资预算的前提下，力求符合果园规划与设计的原则，这样果园建成后的日常生产管理才省工高效。

火龙果园规划包括果园总体规划、果园控制性详细规划。果园总体规划是宏观层面的规划，譬如果园定位、性质、种植规模、发展方向、土地利用、空间格局，考虑果园在区域中与产业中的关系与作用等。果园控制性详细规划是中观层面的规划，果园修建性详细规划是微观层面的具体规划，在果园规划设计中往往合二为一，统一以果园详细规划呈现。主要落实总体规划对于果园发展的安排，各个地块的用地性质、建筑用地率等指标，同时进一步深化果园路网结构。果园详细规划的基本要求是对各个单体项目的定位、定性、定量，并且对规划设计的外观、特点、技术要求、技术经济指标以及管理方式等作出明确说明。果园详细规划是以指导施工精度为要求制定的可行性规划，用以指导各项建设、建筑和工程设施的设计，可委托有关业务部门或专业单位根据果园总体规划进行编制。一般来讲，果园设计的总设计图应该达到修建性详细规划的深度。

以下主要介绍果园规划中涉及的果树栽培学的相关内容，道路、给排水、电力、通讯、网络信息、建筑和配套设施的规划设计建议由专项所属的业务部门或专业公司在果园业主提供的需求意见下进行规划设计。

1. 果园总体规划　种植区、加工区（采后处理、有机肥的加工）、建筑区（水电控制、办公、生活）等。建筑区为果园的控制中枢，应设置在较为中心且交通运输便利的位置，并且要避开在基本农田地块上规划建设。以土地面积为1 000亩的火龙果园为例，种植区占800 ～ 850亩，防护林和田间道路125亩（长度约15 000米，平均宽度6.0米），配套设施和建筑用地25亩，其中蓄水池1 000米^3、泵房及配药配肥池100米^2（图3-4）、办公区300米^2、预冷库150米^2、恒温冷库600米^3、分选包装车间3 000米^2、农资农机仓库1 500米^2、员工生活区1 000米^2、有机肥生产区5 000米^2、保安室15米^2、配电室15米^2、灌溉首部控制室30米^2，其余为果园围栏、停车场等。

2. 果园小区规划　果园小区又称为作业区，是火龙果园的主体部分和基本生产单位，其规划设置的科学合理直接影响生产的效果和效率。果园小区的规划设计应符合以下要求：

①土层深厚肥沃的地块应尽可能优先安排作为种植区。

②同一小区内的土壤、小气候、坡向、坡度等条件基本一致，以保

图3-4 火龙果园泵房（左）及配药配肥池（右）

证果园小区内农业技术和管理的一致性。

③果园小区的设计应尽可能减少或防止水土流失、自然灾害（如风害），便于运输和机械化管理。果园小区面积过大，容易带来管理不便或降低工效；果园小区面积过小，会造成土地利用率降低，也不利于机械化作业。果园小区大小要因地制宜，土壤和气候条件比较一致的平地果园，果园小区面积宜为100～150亩；条件差异较大的缓坡地果园，果园小区面积宜为50～100亩；条件差异大、地形复杂的山地果园，果园小区面积宜为15～30亩。

果园小区形状以长方形为宜，区块长度300～500米，宽度100～200米，长边与短边比为（2～2.5）∶1，长边走向宜与防护林走向平行。平地果园的种植小区长边宜南北走向，以避免朝南面枝条过度暴晒而背阴面枝条光照不足。一般一个果园小区只种植一个品种，以便于后期管理。山地和丘陵果园宜按等高线横向划分，平地可按作业要求确定小区形状。滴灌方式供水的果园，小区可按管道的长短和间距划分；机动喷雾喷药果园，小区可按管道的长度划分。主要道路、原有的建筑物或水利设施等均可作为小区的边界。

每个果园小区包括若干个标准单元，每个单元适合一个或一组承包户和责任主体进行日常农事管理。宜减少非标准种植区或零星边角种植区，以便进行标准种植和管理。目前以人力管理为主的火龙果园，一般每个固定农工可管理15亩左右。

3. 种植品种规划

（1）**主栽品种**　主栽品种的选择主要依据当地气候条件、市场需求以及农户的管理水平而定。家庭农场式的小面积种植宜选择1个主栽品种，1 000亩以内的果园宜选择1～2个主栽品种，5 000亩以上的果园宜选择1～3个主栽品种。规模火龙果园宜选择市场需求较大、销售渠道广、有较大发展空间的品种，选择免人工授粉、耐贮运、丰产稳产、抗耐性强、不确定性小的品种作为主栽品种，避免盲目大面积种植新奇特品种。

（2）**副栽品种及后备品种**　企业投资的大面积种植基地可以早、中、晚熟品种合理搭配，延长果品的供应时间，同时试种一些新品种，作为后备品种资源。

（3）**授粉树品种**　选择与主栽品种授粉亲和力强的授粉品种，要求花粉量大，与主栽品种花期一致。

4. 种植规划

种植规划包括栽培架式选择、行向、行距、行长、栽植密度等。需列表统计每个小区的种植行数和每行的可定植株数，根据苗木品种和数量规划园区内的品种分布。一般一个种植小区或灌溉小区只种植一个品种，以便于后期管理。

（1）**栽培架式选择**　立柱是栽培架的主要支撑物。连排种植模式的立柱行距与苗木行距一致。在种植行上每隔300厘米标出水泥柱栽植点，然后在留够道路宽度的基础上，由外向里在种植行上单独标出地锚埋设点和边柱栽植点，当立柱与相邻边柱间距＜300厘米时，则取消这根立柱，地锚和边柱间距1.5米。立柱的规格：高310厘米，截面长10厘米、宽10厘米，中心浇铸直径8毫米的钢筋，内含4根直径4毫米的冷拔丝，选用P.O 42.5水泥，石头用粒石或破碎石。每根立柱成本为45元左右。水泥柱入土深度为60厘米，地面高度为250厘米，每300厘米栽植一根立柱，每亩约70根。地头边柱向外倾斜15°左右，在地面上的垂直倒影约70厘米。钢丝应选用直径2.2毫米的镀锌钢丝，每亩需19千克（约31米/千克，每千克成本约7元）。

（2）**行向**　平地果园行向以南北走向为宜，植株受光相对均匀。丘陵山地果园行向应综合地形、地貌、坡向等确定，以等高种植、方便排灌和运输为宜。

（3）**行距**　宜实行宽行窄株。宽行的标准是行间"走得通"（图3-5），即行间能进行机械作业。若窄行种植隔若干个窄行配置一个宽行作为机械作业运输通行道，窄行的行距2.5～3.0米，宽行的行距3.5～4.0米，采用窄轮拖拉机与作业系统配套的果园行距宽度应≥3.2米，并且需在每行两头留足机械掉头半径距离。行距须大于树高，保证果园群体充分受光。

图3-5 过窄行距（左）与适宜行距（右）

（4）**行长** 一般滴灌管道单向供水距离≤120米灌溉效果最佳。采用机械化打药、采果等管理的果园，综合考虑行长以100～200米为宜；采用人力管理为主的果园，以行长≤100米最佳。

（5）**垄高、垄宽** 垄高宜为30厘米，垄宽宜为100厘米。

（6）**行内立柱间距** 柱距2.0～3.0米，高柱、矮柱间隔种立。行头、行尾边柱采用加宽直径大柱。

（7）**株距** 根据栽植品种合理密植，玫红450等长势较旺、枝条较宽、不易成花的品种，株距宜大些（20～33厘米），亩植600～1 200株；大红、红水晶等枝条细弱、生长势较弱、容易成花的品种，株距宜小一些（12.5～25.0厘米），亩植900～1 800株。不提倡种植密度过大、过密，虽然密植可早结果早进入丰产期，但提高了主蔓与结果枝的比率，增加了单位面积管理的用工量。主蔓的主要功能是输导和支撑，其占比越高对营养物质的消耗就越大；且种植密度越大，单株树冠枝幕面积较小，根系相对越不发达，根系骨架在土壤中分布不够宽广深入，植株容易郁蔽，成年阶段的丰产、稳产性相对下降。

（8）**株高**　株高的标准是工人"够得着"，高干、矮冠。矮冠使得中老年劳动力也可以参与到日常管理，提高工效。若工人在运载机械上进行移动农事操作，则株高应相应提高，树冠的最低处距离垄面高度宜≥40厘米。

（9）**设置固定线**　分别在距地面50厘米、130厘米、210厘米、300厘米高度处拉4道钢丝（第一道钢丝用于固定滴灌管），边柱用法兰、钢绞线、地锚固定。

5. 果园道路系统规划　规划原则是充分利用土地，便于生产管理，因地制宜。大中型果园道路一般由主路、支路和机耕作业道3级组成，应与果园小区、防护林、排灌系统等统筹规划。

（1）**主路**　主路连接各条支路并与园外公路相接，主干道交通量比较大，一般设置在种植大区之间和主副防护林带一侧，可贯穿全园。主干道宽度以并排走2辆卡车为限，宽度6～8米。应铺垫石渣或硬化，路两侧应修排水沟。

（2）**支路与环园道路**　支路与主路垂直相接，分布在大区之内和小区之间，通往机耕作业道。路面宽度以并排通过2台动力机械为限，宽4～5米，宜铺垫石渣或种植多年生耐踩踏低矮草坪。园区四周须设置环园道路，宽度与支路相当，支路、环园道路一般进行种草处理。

（3）**机耕作业道**　果园小区之间以纵横交错的机耕作业道隔开。机耕作业道之间或与主路之间的水平距离宜≤500米，路面宽2～3米。路面采用C25混凝土硬化或垫石片渣，厚度为15厘米。种植区四周都应规划道路，使园区道路相连形成闭合。

（4）**人行道**　人行道与畦沟结合，宽度≥120厘米，不宜铺垫石渣，裸露或种植多年生耐踩踏低矮草坪。

6. 果园灌溉和排水系统规划　排水沟渠由干渠、支渠和畦沟组成。结合果园道路，就近、沿低洼积水线设置各级排水沟，确保排水畅通、不积水。道路、排水系统设计完成之后应向所属农业园区委员会提交审批。

（1）**蓄水池**　宜设置在果园中央、山顶和山脚。

（2）**干渠（主排水沟）**　干渠应低并与园外大排水沟连通。根据地势、汇水面及水量，设置干渠宽度和深度，深度宜为100厘米，宽度宜为100～150厘米，结构为条石或砖混全浆。可采用明沟或沟带路，注意留排水孔隙。

（3）**支渠（种植区排水沟）**　支渠设在支路两侧或由低矮的支路兼用，深度80厘米，宽度80厘米，结构为泥土、半浆砌片石、混砖均可。

（4）**畦沟**　畦沟可与人行道结合，深度30厘米，宽度＞50厘米，不宜硬化或垫石头渣，确保畦沟行中间高、两头低，以利于雨水由每垄畦沟先流至支渠，再汇至干渠排出园外。

7.辅助建筑和配套设施区规划　辅助建筑和配套设施包括采后加工厂、办公生活场所（办公室、财会室、会议室、职工宿舍饭堂等）、有机肥加工厂、蓄水池、泵房、配药房、生产资料库房、停车场等。山地果园的采后加工车间宜设置在较低和靠近主道的位置，有利于作业和运输；有机肥加工厂等常有量大而沉重的物资运送，应遵循由上而下的原则，多设置在果园中心或较高位置；办公生活场所等宜设置在交通便利和出入方便的位置。

（1）**采后加工厂**　宜设置在果园中心靠主路的位置，以方便所有种植区的果实采摘后迅速运送至采后加工厂进行采后商品化处理与冷藏保鲜，方便冷链物流运输车进园将果实拉走。采后加工厂是现代规模火龙果园的标准配置。

（2）**有机肥加工厂**　增加果园土壤有机质最直接快速的方法就是增施有机肥。1 000亩规模的果园，有机肥年加工能力应达到4 000吨左右。

三、果园建设过程

依据果园规划制定果园建设施工标准，有序组织安排施工队或工作组开展果园建设工作，包括人员和设备进场、道路建设、土地整备、水电系统建设、栽培架建设、灌溉排水喷药及控制系统建设、农资农具准备、定植、配套设施建设、冷库建设、补光系统建设等。

1.果园建设的统筹安排

（1）**基地建设工作计划**　编制《基地建设工作计划》（表3-1），机械、仪器设备准备到位之后，组织施工人员进场，有序施工。

表3-1　基地建设工作计划

序号	阶段划分	计划要求
1	建园前准备	签租地合同
2		测量地块出图
3		规划设计图
4		建设方案
5		预算
6		工作计划表
7	基地建设管理人员	建设阶段管理人员到位
8	道路建设及土地整备	整地（1 ~ 3次）
9	水电系统建设	生活、生产、办公水电系统
10	机械设备准备	504窄轮距拖拉机、施肥机、叉车、平板车等
11	物料准备	电焊机、立柱、钢绞线等
12	栽培架建设	竖立柱、拉钢绞线等
13	灌溉排水喷药及控制系统	出方案、安装、调试、培训
14	农资农具准备	有机肥、钙镁磷肥备足
15	定植前准备	种苗准备、运输
16	定植	畦面整理、插竹条、定植
17	配套设施建设	办公室、仓库、宿舍、食堂齐全
18	冷库建设	预冷
19	种植日常管理	种植生产人员、管理人员到位培训
20		
21		
22		
23	补光系统建设	—

（2）**土地整备与水土保持**

①土地整备。土地租用一般在秋季进行，签约后应尽快清理地面附属物，以便开展建园工作。园内每保留一个地台会少栽植两行果树，为降低除草费用和提高土地利用率，应尽量全部推平，便于管理。最后将全园深翻30厘米，旋平待用。

②水土保持。在避免占用耕地来建立果园的政策背景下，多在丘陵和山地建立果园。做好水土保持是决定山地、丘陵建园成败的关键。通过改造地形、修筑梯田、改良土壤、覆盖植被等可有效降低地表径流量和流速，减轻水土流失侵蚀。

2. 果园配套建设 果园的配套建设包括电力系统建设、灌溉系统建设、喷药系统建设、排水系统建设、栽培架建设、补光系统建设等。

（1）**电力系统建设** 准备好《果园规划平面图》，根据果园各种生产与配套设施的用电需求，向当地的供电局申请用电开户和接入；果园内的电路设计和建设应由有资质的设计院完成。

（2）**灌溉系统建设** 灌溉系统建设包括供应商遴选、签订合同、提供设计方案、预算付款、开工、物料进场、安装、调试、竣工验收、交接培训。果园生活供水系统、灌溉系统、排水系统可委托资质较好的专业公司或施工队设计或建设。

①灌溉系统控制室首部。一般水池深度4~6米，水泵扬程约10米，所以滴灌控制室应紧邻蓄水池，控制室内安装首部，旁边为配电室。如果深井水泵与首部共用一个变压器，则变压器与任何一台水泵的供电线路不能超过500米，否则必须分别配置变压器。变压器的大小根据所控制水泵功率大小总和决定。由电力部门专业设计，变压器价格每台约6.8万元，电线价格约8万元/千米。滴灌系统投资（无自动化控制系统）一般在1 000~1 200元/亩（包括安装费用），配置确定后费用大小的主要影响因素是一台首部所控制的面积大小，地块集中连片，一台首部覆盖的面积越大费用越小。

②周转蓄水池。火龙果园春季滴灌系统用水量较小，夏秋干旱季节每周需灌溉2次，按每亩蓄水3米^{3}计算设计，布局合理。配套进出输水管、泵房等。沼液周转池可与灌溉周转池合并修建，但池底部须建沉淀坑和排污管。1 000亩的火龙果园宜配置一个蓄水总量5 000米^{3}的水池，用0.5毫米厚度的PE膜铺底部和边坡，防止水分渗漏。

③灌溉管网。

整体设计：总流量为120米³/小时，按45～50亩为一个单元，配置控制阀，接通周转蓄水池。每25米设置一个出水桩。

管道规格：主管道采用PPR或PVC或钢管给水管（1.6兆帕，De160、De120或De110，De指管道外径，单位毫米），管道埋设深度50厘米以上。分支管用De90，De63变De50的三通管接出水桩。

管道铺设：采用UPVC给水管，主管道直径为De160（1.0兆帕）和De110（1.0兆帕），承压10千克/厘米²；支管道直径为De90（1.0兆帕）、De63（1.0兆帕）、De50（1.0兆帕）、De40（1.0兆帕），承压6～10千克/厘米²。管道埋设深度须在50厘米以下，防止深耕作业时破坏管道。通过道路的管道埋设深度须在60厘米以下，而且还应外套大2号的混凝土管进行保护。在管网低处安装泄水球阀，在管网高处安装空气阀。

滴灌管与滴头：性能优秀的滴头应具备流量一致、超级抗阻塞、超低流量、使用寿命长、产品组合全面等特点。滴灌设计中，通过调节滴灌带的滴头间距及流量来调整湿润带，以达到土壤湿润带均匀一致且可覆盖根际范围，又避免过量水分下渗超过根际范围的效果。不同类型土壤，湿润球的特点不同，耐特菲姆公司通常建议滴头间距：沙性土壤20～30厘米，中性壤土30～40厘米，黏重壤土40～50厘米。采用TORO压力补偿式滴灌管，地面铺设。滴头设计出水工作压力为1.0～2.5千克/厘米²（50～180千帕）。滴灌外径16毫米，管壁厚度1.0毫米，滴头间距50厘米，单滴头流量2.2升/小时，灌溉强度1.43毫米/小时，灌溉日需水量5毫米/天，每天滴灌工作时间2小时（此参数为在极端条件下的灌溉模式，具体时间可根据实际情况进行调整）。滴灌分为10个轮灌组，每个轮灌组有3～4个阀门。

图3-6　灌溉管网铺设

（3）**喷药系统建设**

①总体要求。要求药液雾化充分；液滴喷洒均匀覆盖全面；机械化，自动化，以实现省工高效；不见光打药，宜在下午17：00后或者阴天进行喷药；在发病早期控制，在病害暴发之前防治。

②顶喷系统。采用"空气压缩雾化＋喷药机"系统可实现省工高效，固定管道顶喷方式可实现在一分钟左右喷完一亩地，雾化效果可达50微米级别，液滴可悬浮空中较为均匀，药液覆盖全面、均匀周到，同时可除尘、洗蜜露。

③喷药管网。按每单元45～50亩进行控制阀配置，接通周转蓄水池。每25米设置一个出水桩。所有PVC管道埋设深度须在50厘米以下，防止深耕作业时破坏PVC管道。

④管道规格。主管道采用PPR、PVC或钢管给水管（1.6兆帕，直径160、120或110毫米），管道埋设深度50厘米以下。分支管用De90管，De63变De50三通管接出水桩。

⑤喷头。采用R2000喷头，喷头射程12米，支管布置间距14米，喷头布置间距9米，喷头流量410升/小时，设计工作压力3.5千克/厘米^2（200～300千帕），灌溉强度3.3毫米/小时，灌溉日需水量5毫米/天，每天滴灌工作时间1小时（此参数为在极端条件下的灌溉模式，具体时间可根据实际情况进行调整）。

⑥喷药系统对水质的要求。农业用水应净化处理，须保证水源干净不受污染，其中包括处理硬水，以避免钙镁与某些元素反应生成沉淀，过滤处理杂质及有害病菌。

（4）**排水系统建设**

①总体要求。结合果园道路，就近、沿低洼积水线设置各级排水沟，确保排水畅通、不积水。华南产区的火龙果园经常出现降雨强度大和集中的情况，果园的地表径流须能快速及时排出园外，因此多采用明沟排水。山地和丘陵果园排水系统由等高沟、总排水沟、环山沟组成。等高沟设置在梯田的内沿。总排水沟设置在集水线上，走向与等高沟斜交或正交，宜用石材修筑。

平地果园的排水系统由小区内的集水沟、小区边缘的排水支沟与排水干沟组成。集水沟与小区的长边和行向一致。排水水流从集水沟先流向排水支沟，再从排水支沟流向排水干沟。排水干沟应布置在地形最低处，使之能接纳来自排水支沟和集水沟的径流。两沟相交处应成45°～60°角，排水干沟纵向比降为1/3 000～1/10 000，排水支沟为1/1 000～1/3 000，集水沟为1/300～1/1 000。

②主排水沟。根据地势、汇水面及水量，设置主排水沟，采用明沟或沟带路。主排水沟深100厘米，宽100～150厘米，结构为条石或砖混全浆。

③种植区排水沟。深80厘米，宽80厘米，结构为泥土、半浆砌片石、混砖均可。

④畦沟。深30厘米，宽50厘米。

（5）**栽培架建设** 栽培架建设宜交给专业建园施工队完成。

①水泥柱定位放线。测量绘制种植区水泥立柱放线定标图。按南北走向划线定位和放线定标，水泥立柱的行距300厘米、柱距300厘米（可适当调整）。按行距300厘米、畦宽150厘米、沟宽150厘米，放A、B、C、D、E共5条线。需准备仪器材料有经纬仪、绳子、石灰（双飞粉）、竹签、水泥浆桶等。

基点1定点：用经纬仪在园内确定基点1（坐标原点0，0），用长铁条（顶部涂红漆）打入地下固定。

基点2定点：在新建果园边可视范围内，利用经纬仪，用"三点成一直线"按放线图放线。在基地边，利用标尺确定基点2。

基点3～10定点：顺着基点1、基点2，往前延伸，确定基点3。依次延伸，确定基点4。确保基点1、2、3、4在同一直线上。以基点2、3、4为基本点，分别往左、往右300厘米，确定基点6、7、8、9、10。基点2～10确定后，用长铁条打入地下固定。

放线A～F：以基点2～10为基本点，结合A、B、C、D、E、F放线规格，往四周延伸，确定相应的点，用石灰或竹签打点，用绳子牵线，然后用石灰连成直线。为方便钩机作业，A、B、E、F放线后，用石灰在线上画"×"，以示区别。

预留其他标识：放线时，要按设计图预留过水管、机耕道、作业便道，做好标识。

立柱栽植点标记：用红色油漆在钢丝上标记栽植点。将1米长竹棍中点与一根水泥柱中心对齐，在竹棍顶端的钢丝上标点，然后将竹棍一端与此点对齐，在另一端的钢丝上标点，以此类推，则相邻两栽植点的间距为1米，栽植点与相邻水泥柱的间距为0.5米。当某一栽植点与相邻水泥柱的间距不足0.5米时，应压缩相邻栽植点的间距，保证此栽植点与相邻水泥柱的间距为0.5米。

②钻地打洞。宜用机械地钻进行打洞。钻孔直径12厘米，深60厘米。

③种埋立柱。种埋立柱的入土深度须≥50厘米，同一畦的柱顶的水平高差应控制在±5厘米。

（6）**补光系统建设**　变压器（主变压器、分变压器、变压器配电箱、120毫米铜线）、低压输电线（95毫米铝低压输电线）、6米电杆、电杆配套、配套电箱（18亩/个）、灯线（16毫米铜主灯线、7.5毫米铜主灯线、7.5毫米带插头线、7.5毫米带插座线）。

（7）**有机肥堆沤工厂建设**　1 000亩的果园需建设年产4 000吨的有机肥堆沤工厂。工厂选址须远离居民生活区、上风口水源区，以免臭味和粉尘影响居民健康；宜靠近主原料产地，距离在50千米以内，以降低成本；堆料车间宜具备遮阳避雨屋顶，若无屋顶，翻堆后可用塑料薄膜覆盖。

（8）**农机装备的配置**　人工成本是果园日常高投入成本之一，日益稀缺，且是最不可控的因素。因此，果园能用机械化完成的工作就尽量用机械。目前，除了枝条修剪、疏花疏果、摘花冠、果实采摘、挂果蝇性诱剂等需由人工完成之外，其他农事管理包括除草、喷药、施肥、运输等均可实现机械化。

（9）**采收处理与保鲜冷藏车间建设**　1 000亩的火龙果园需建设预冷库（120米³）、恒温冷库（600米³）、分选包装车间（3 000米²）。采后处理自动分选线须具备清洗、消毒、风干、分级、预冷、包装、冷藏等功能。

（10）**果园护栏安装**　用装载机沿地块边缘平整土地，有地台的地方推成缓坡。护栏距离行道树0.5～1米，划线后沿线挖坑，水泥底座规格为40厘米×40厘米×40厘米，用混凝土现场浇筑，护栏底部距离地面10厘米。护栏规格为3.0米×1.5米。

（11）**生产农资的准备**　果园常用的生产农资包括有机肥、氮磷钾水溶肥、钙镁磷肥、石灰、矿物营养、生物菌、杀虫剂、杀菌剂、生根剂、生长调节剂、绑蔓带、竹条等。

（12）**种植生产人员配置**　在苗木定植前落实种植生产人员的招募。

四、定植

1.**改土施肥**　新果园的土壤改良，每亩使用4吨以上腐熟有机肥、1吨牡蛎粉、1吨钙镁磷肥、适量防治线虫的药剂进行改土。将改土材料条施于畦面种植带后，基肥条带宽度100厘米（以定植线为中心），用旋耕机把改土材料与深20厘米的土壤混匀。定植后畦面树盘用20米^{3}半基质覆盖畦面。

2.**起垄整畦**　根据畦沟宽度放线之后，用起垄机械进行起垄，垄高30～40厘米。基肥垄施后，用轻型微耕机将基肥翻耕，使畦面表土与有机肥混合均匀，深度10～20厘米，并将畦面整理平整。

> **温 馨 提 示**
>
> 旱区、排水好的果园，垄（畦）高度略低；雨区、全程水肥一体化园区，垄（畦）高度略高。

3.**滴灌带铺设**　每行双滴带铺设。按种植行长度将滴灌带剪裁后，于定植前将滴灌带摆放于距离定植线50厘米外，定植后移动摆放在定植线10厘米处，并安接到种植区供水管道上，固定住预防移动偏离。

4.**苗木准备**　苗木质量对生长整齐度、生长速度、经济寿命、抗逆性及果品质量等有重要影响，是优质化建园的先决条件。宜选择自然授粉结实率高、耐贮运、品相好、风味佳、产量高且不易裂果的品种作为主栽品种。苗木须品种纯正、（嫁接苗）砧穗组合适宜、母茎健壮、根系发达、无重大病害（溃疡病、线虫病、病毒病）。火龙果为扦插易生根果树，为避免降低病虫害传播蔓延及减少因长途运输而延长缓苗期，宜购入枝条（或无根苗）就地进行浸泡药剂，晾干伤口后直接栽植，或者委托专业苗圃育苗。

（1）**嫁接苗选择**

①砧木选择。砧木须无病毒，健壮饱满，与接穗品种的嫁接亲和力强，一年生或二年生枝条，避免选择枝龄三年生及以上的过老枝条。

②接穗选择。采用无病（或无毒、脱毒）健康接穗，品种须纯正。

③苗木要求。苗木长度宜≥40厘米，嫁接苗要求嫁接口愈合良好，宜选择于清洁基质育苗的带根苗，苗木宜根系发达，毛细根密集。大苗建园生长速度快，可以早开花，早进入丰产期，可以实现栽植当年开花，第二年每亩产量≥3000千克，进入丰产期，每亩产量稳定在4000千克以上。

（2）**扦插苗（插条）选择**　选择品种纯正、无病（或无毒、脱毒）健康、一年生或二年生饱满健壮枝条，避免从溃疡病、根结线虫病、病毒病严重的疫区引进带根苗木，尽量不要选择枝龄三年生及以上的过老枝条，插条的长度宜≥40厘米。

5.定植前准备

（1）**工具准备**

运输工具：根据种植速度合理安排足够的三轮车，用于将浸足水的苗木送达田间地头，所有车辆要进行统一编号，便于管理，每辆车配备一块遮阳网（4米×1.5米），防止苗木直接暴露于阳光下。每辆三轮车每次可以运输苗木350～400株。

定植工具：开沟锄、种植锄、苗框

（2）**材料准备**

药物：生根粉、咪鲜胺、扑海因、矿物油。

资材：塑料扎带（绑蔓布条）、椰糠（松散）。

（3）**人员安排**

技术人员：每个种植小组安排一名技术人员，负责苗木定植的技术指导工作。

装车工人：负责将树苗蘸根并装车。将生根粉6000倍液，盛于大桶中，用于定植前的蘸根处理。平均每个工人每天可装车1500株。

种植工人：15人一组，其中1名组长，2名散苗人员，其余12人每2人一个小组栽种苗木。平均每人每天可以种植200株。

滴灌工人：负责滴灌系统的检修工作，需要提前进行培训。每150亩需要安排2人。种植初期，滴灌工人可以安排在浸苗池装苗，开始浇水后，进地检查。

（4）**苗木准备**

苗木进场：苗木须放置在避雨阴凉通风棚下，迅速将包装箱打开。给表面与周边环境喷雾，使其保持湿润。

苗木消毒：于48小时内将苗木青绿部分全部浸泡于"咪鲜胺500倍液＋扑海因500倍液＋矿物油1 000倍液"的混合液中5秒。

苗木摆放：将苗木根部朝下，头部朝上，放回包装箱内暂时储放。苗木随用随拉至大田，按畦苗木需求量分散放置。

6. 定植时期　建议春、秋季定植，春季宜于2～3月定植，秋季宜于9～10月定植。若供水充足，夏季定植对苗木成活率没有影响，但生长量明显减小；冬季种植则根系恢复慢，寒冻害风险高。

7. 定植要求　定植宜采用单排成线种植，不推荐采用单畦双排模式。苗木距离宜准确均匀，须浅种，覆土3～5厘米厚，要求土壤覆盖住苗木根系即可。苗木须及时绑缚固定在竹条、立柱或固蔓线上，以防倒伏。定植完成后，须在2～4小时内淋透定根水。定植苗木行距300厘米、株距15厘米，亩植1 776株。

8. 定植流程

①开种植沟。工人用开沟锄沿着定植线刨种植沟（宽20厘米、深10厘米）。

②放椰糠。工人往种植沟填放椰糠或其他疏松基质，以利于保水催根。若未准备椰糠，此步骤可省略。

③放辛硫磷。按每亩3.0千克均匀撒施于种植沟内的椰糠表面，条施宽度约10厘米。

④插竹条。按15厘米的间距插1根竹条。

⑤苗木整理。剪除新芽，理顺根须，将苗木根系均匀向四周展开，根茎高出地表5厘米。

⑥覆土。用椰糠覆盖，以刚埋没根系为宜，表面用细土覆盖椰糠。

⑦绑苗。将苗木中部用塑料绑带（或布条）绑紧固定于竹条（或绑蔓线）上。

⑧淋定根水。定植后即时进行灌溉，浇足定根水。若行滴灌，首次浇水约6小时，滴灌管下湿润土壤连成带状。若无滴灌则每株浇2升水。

⑨压实。定植时，埋土应踩实。为了保证成活率，第一次浇水后，土壤下陷，应少量覆土并再次压实。

⑩基质覆盖树盘。树盘覆盖树皮等基质，可保水保肥、降温抑制杂草并提高土壤肥力。定植完成后，树盘畦面用秸秆、稻壳等有机物（或微生

物菌发酵过的树皮基质）进行覆盖，厚度10～15厘米，每亩用量10米^3。

⑪盖防草布或防草隔离薄膜。定植完成后，20天内用防草布覆盖沟底。

⑫绿肥种植。定植完成后，30天内在防草布上、排水沟外种植2排多年生矮生耐踩踏绿肥（如姬岩垂草），宜在畦面边缘覆盖薄膜，防止绿肥攀爬生长至树盘内。

⑬定植完成后（图3-7），即转入幼年阶段的田间日常管理。果园的田间日常管理宜进行分片承包，将责任和激励考核落实到固定农工。

图3-6　定　植

第 4 章

土肥水管理

俗话说"有收无收在于水，收多收少在于肥"。土壤是火龙果生长所需水分、养料供给的源泉和基础。良好的土肥水管理是根系正常生长吸收、植株生长良好、果实产量和品质提高的根本保障和关键。土壤施肥管理是关键环节，宜把握好时机、细节，细节决定成败，须以永续健康的土壤管理理念去付诸实现。永续健康的土壤须是耕性良好、耕层深厚、肥足不过度、毒害达标、排灌方便、生态良性、病虫草可控、抗退化恢复快。

一、土壤改良与管理

我国大部分火龙果主产区的土壤存在着偏酸、结构不良、有机质含量低等缺陷，而火龙果又属于多年生浅根系果树，耕作层根际的土壤不良或者水分和养分的剧烈变化对于果树的生长、优质丰产影响很大，加之定植之后改良土壤操作不当易导致大量断根，因此在定植前须进行土壤改良。根际土壤应是活土层，具有肥沃、疏松、湿润、透气的特点。

土壤管理

1. 土壤的理化性质　果园地形、土层厚度、土壤容重、土壤质地、温度、通透性、含水量、酸碱度（pH）、养分含量、微生物等土壤理化性质对火龙果根系的生长和吸收有着直接影响。火龙果园良好土壤参数指标pH6.0 ～ 7.0，土壤相对湿度＞60%（土壤最适湿度60% ～ 80%），EC值0.2 ～ 0.45，有机质含量3% ～ 5%，土壤容重1.1 ～ 1.4吨/米^3。

（1）**土壤容重**　土壤容重大小反映土壤结构、透气性、透水性以及保水能力的高低。一般耕作层土壤容重为1.0 ～ 1.3克/厘米^3。土壤容重值小，则土壤紧实度低，土壤阻力小，土壤透气透水性能越好，根系易生长；土壤容重值过大，则土壤紧实不利于根系在土壤中穿插生长。

（2）**温度**　当土温＜15℃时，根系的生长活动较微弱。当土温达到15℃时，新根开始萌发且随着温度的升高而生长加快；土温在25 ～ 30℃时，根系生长活动最旺盛。但当土温＞45℃时，根系大量死亡。

（3）**氧气**　土壤含氧量宜＞3%，土壤孔隙度高，通气性好，则新根、须根多。当土壤含氧量＜2%时，生长逐渐变慢。当土壤含氧量＜1.5%时，根系即可死亡腐烂。

（4）**水分**　火龙果根系适宜的土壤相对湿度约为田间最大持水量的60% ～ 80%。

（5）**酸碱度**　火龙果根系喜欢微酸至弱碱性土壤，根际土壤最适pH为6.0～7.0，根系可适应pH5.0～7.5的土壤。土壤过酸或过碱对火龙果生长都不利，一是影响根系生长，二是影响土壤养分的有效性，三是影响微生物的活动与繁殖。

温馨提示

当pH＞7.5时，土壤中的镁、铁、硼、铜和磷的溶解度下降，易产生缺镁、铁等缺素症；当pH＜4.5时，土壤中的铝、锰、铜、镍等溶解度升高，易产生毒害作用，还易产生缺钙等缺素症

火龙果园土壤pH分类见表4-1。南方火龙果园容易出现土壤酸性过强的情况。土壤酸性过强，磷、钾、钙、镁、硼等容易流失且有效性降低，容易产生Al^{3+}和有机酸，土壤易板结且通透性不良，导致生理病害和根系发育不良，影响养分吸收转化，降低植株抗逆性。当土壤pH7.5～8.5时，根系已明显受到抑制；当pH＞9.0时，即可致死。

表4-1　火龙果园土壤pH分级

分级	强酸	酸	弱酸	中性	弱碱	碱	强碱
pH	＜4.5	4.5～5.5	5.5～6.5	6.5～7.5	7.5～8.5	8.5～9.0	＞9.0

注：按2.5∶1的水土比例浸提，pH玻璃电极和甘汞电极（或复合电极）测定。

（6）**土壤养分**　土壤养分包括有机营养和矿质营养。土壤有机质是土壤有机质—矿物质复合体的核心物质，也是养分的贮藏库，其含量高低和数量消长可反映出土壤肥力水平。土壤有机质能提供植物需要的养分，增强土壤的保水保肥能力，促进团粒结构形成，改良土壤，促进根际微生物和火龙果的生理活性，还有助于消除土壤中的农药残留和重金属污染。土壤阳离子交换量（CEC）代表土壤可能保持的养分数量，即保肥性的高低。阳离子交换量与碱解氮、速效钾、交换性钙、交换性镁、有效硼和有效钼含量呈极显著正相关。

2. 土壤改良　我国火龙果园的主要土壤类型是山地红黄壤，有机质含量普遍较低、分解快，铁、铝含量较高，有效磷含量低，土壤结构不良。广西火龙果主产区的土壤多为红壤，具有瘠薄黏酸等特点，种植

前需进行土壤改良。宜将土壤尤其是根际土壤改良成为肥沃、疏松、湿润、透气的水稳性团粒状壤质土。

(1) 常见土壤障碍

①有机质含量低。广义的土壤有机质是指存在于土壤中的所有含碳的各种形态有机物质，包括土壤中的各种动、植物残体，微生物及其分解和合成的各种有机物质。土壤有机质是土壤肥力水平的主要标志，是植物营养的主要来源之一。土壤有机质能促进植物的生长发育，改善土壤的物理性质，促进土壤生物和微生物的活动，促进土壤中营养元素的分解，提高土壤的保肥性和缓冲性。增施有机肥、覆盖半基质、绿肥还田是提高火龙果园土壤有机质的有效方法。充分腐熟的堆肥、沤肥、饼肥、人畜粪肥等都是良好的有机肥。

②酸碱度不适。耕作层土壤偏酸（pH < 5.5以下），易使土壤中的磷、钾、钙、镁、钼等养分有效性降低，以及铝、锰等活性过强，从而出现缺素症或中毒症。土壤偏酸产生的原因包括雨水淋溶作用和成土母质过酸，果树吸收大量阳离子养分，施用过多酸性肥料（硫酸钾等）及过量有机酸所致，加上土壤有机质少，缓冲力不强时，更容易出现酸化现象。土壤过酸可通过施用碱性物质（如农用石灰、白云粉、生理碱性肥料、贝壳粉屑等）进行改良纠正。土壤偏碱（pH > 8.5以上），可施用酸性物质（如硫黄粉、稀硫酸、生理酸性肥料等）。

> **温馨提示**
>
> 中和土壤不宜过量过急，宜采用逐年渐进中和的方式去改良修复，还应配合施用有机质改良。

③物理性不良。土壤质地过粗，偏沙偏砾则保水性差；土壤过细，偏黏重则排水不良。可用手触摸分级，判断是否过黏或过沙；肉眼观察土壤孔隙度，是否太密实。土壤过黏可通过客土、施用有机质和石灰、加强翻耕等进行改良；土壤过沙可通过客土、施用有机质及土壤深翻等进行改良。

④养分不平衡。无论大量、中量或微量元素都不能过量施用。不平衡或过量施用化学肥料，可能导致营养元素的拮抗作用或引起植株中毒。土壤中营养不平衡不能用肉眼看出，但可以通过植物（田间杂草或指示植物）的生长来观察，或对植物体进行测定分析并配合土壤分析诊

断，然后通过针对性地抗衡施肥和增加施用有机肥改良。

　　⑤盐类及重金属积累。土壤污染及灌溉污染，或某种化学肥料施用过量，都可能引起土壤盐类及重金属积累。通过化学分析测定所含盐类及重金属含量，也可用肉眼观察，诊断时从晒干的表土，可观察到白色粉末或白色晶体出现。应避免污染物质进入果园土壤，已受污染的土壤可通过施用有机质络合和自然淋溶进行洗盐改良。

　　⑥连作障碍。常见的连作障碍是种植多年后，树盘土壤病菌或虫体滋生过多、有毒物质、盐类累积或养分不平衡所致。可结合品种升级换代和植株更新种植期间进行休耕轮作，结合深翻改土，尤其水旱轮作，可施用有机质改善或种植绿肥，增加土壤有机质吸附及分解有毒物质，并制衡土壤有害微生物，补充大量、中微量养分以减少养分不平衡，还可施用微生物菌肥。

　　（2）**土壤改良综合措施**　常见的土壤改良措施包括增施有机肥、深翻熟化、土壤消毒、培土客土、调节酸碱度、间套种翻压绿肥、树盘覆盖基质、合理耕作和应用土壤结构改良剂等，应通过综合措施对土壤进行改良，每年补充肥料以维持地力。

　　①水土保持。宜做好梯田、撩壕等水土保持工作。将长坡改为短坡，在坡面上按等高线开沟，挖出的土向下坡堆放成壕（垄），沟壕可截拦地表径流，使直流变横流，减少土壤冲刷（图4-1）。

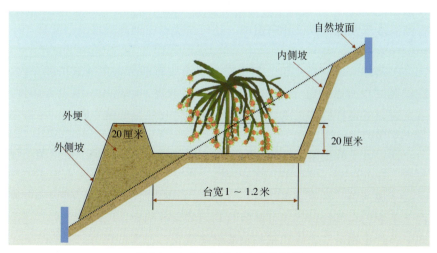

图4-1　火龙果园的水土保持示意

②深翻熟化。土壤宜翻晒过冬、促进风化。用翻耕机械对全园土壤进行翻耕，深度50厘米以上，一犁两耙；或定植前套种开荒植物，在定植前完成翻压改土。

③土壤消毒。定植之前进行全面土壤消毒处理，成本低、污染小、操作简单、效果好。通过土壤消毒，杀灭土壤中前茬作物残留的病菌、根结线虫、虫卵，从源头控制病虫害的发生。

④增施有机肥。火龙果嗜好有机肥，每年施用量3 000～5 000千克/亩。

⑤保护性耕作树盘。宜每年结合除草或结合冬季施有机肥，中耕2～3次，深度5～10厘米，适度断根，以促发新根；但须注意避开大批次开花结果期进行动土耕作断根，尤其是动土不宜过于靠近根颈，宜在滴水线以外，以免断根过多引起落花落果。每年冬季清园改土时，视土壤pH情况适量施用熟石灰粉，每亩施用量100千克，于相对休眠期进行轮边中耕，深度约10厘米，使土壤与新的植物残体和有机肥混合，促进新土壤团聚体的形成。

⑥树盘覆盖基质。树盘覆盖基质可防止水土流失，抑制杂草，夏季降温，保水、保肥、保墒和提高有机质，但需注意避免覆盖生料过厚和预防病虫鼠害，宜选择经过微生物菌高温半发酵处理的基质进行覆盖。树盘畦面宜就地取材，用发酵树皮、稻壳、秸秆、咖啡壳等有机碎屑进行覆盖，厚度10～15厘米，每亩用量约10米^3，有机质覆盖树盘前宜进行高温堆沤发酵，以杀死病虫卵，还可避免在田间高温堆沤口发酵产生热量导致烧根。

⑦增加土壤有益生物。创造有利于土壤有益生物生活繁衍的条件，提供其发育所需的养分、水分、空气、酸碱度、渗透压、温度等条件，丰富有益生物种群和数量，可改善土壤的理化结构和地力肥力，还可增强火龙果的抗逆性。

通过人工施用复合微生物菌剂（含固氮菌、硝化细菌、磷细菌、放线菌、芽孢杆菌、酵母菌、淡紫孢菌、淡紫拟青霉菌、哈茨木霉菌等休眠孢子或活菌，数量≥500亿个/克）或单种有益生物菌剂（肥），可以将土壤中的有机物转化成可被吸收利用的营养物质，以增加肥力，还能产生各种生物活性物质和抗病物质促进生长，提高抗病力，还能改善土壤的物理性质和化学性质，降低土壤容量，增强渗水、保水、透气性能，促进团粒化。微生物菌肥的种类很多，宜根据土壤状况针对性地选择微生物菌肥，春夏季每月随喷滴水施1～2次生物菌肥。

　　枯草芽孢杆菌可产生抑菌物质和增强植物免疫力，地衣芽孢杆菌可抗病和杀灭有害菌，解淀粉芽孢杆菌可分泌抗菌物质和促进植物生长，巨大芽孢杆菌磷细菌可降解土壤中的有机磷，胶冻样芽孢杆菌可释放可溶性磷钾及中微量元素，放线菌可拮抗病原菌和促进植物生长，酵母菌可合成促进根系生长的活性物质，淡紫拟青霉可减轻根结线虫病为害。

　　⑧应用土壤结构改良剂。土壤结构改良剂分为有机型、无机型和无机—有机结合型，具有改良土壤理化性质及生物学活性，提高土壤透水透气性和防止水土流失等作用。常见种类有从褐煤或泥炭中提取的高分子化合物、硅酸钠、沸石、聚丙烯酰胺等。

　　（3）**常用土壤消毒方法**

　　①太阳能消毒法。宜干闷法与湿闷法相结合，杀菌灭虫的效果会更彻底、更全面。干闷法是指翻地后，不进行灌水，直接用黑色地膜全园覆盖，密闭土壤进行闷土。该方法可提高上层土壤的温度，对杀灭土层内病菌和害虫的作用甚微，在实际生产中应用较少。湿闷法是生产中应用较为普遍的消毒措施，其原理是将土壤足水浇灌，再用地膜全园覆盖，利用水的导热能力高于土壤的特点，使土壤耕作层达到较高的温度。目前，在实际生产中的湿闷法，主要包括直接高温闷土、有机肥高温闷土、秸秆还田高温闷土、石灰氮（氰氨化钙）高温闷土、威百亩高温闷土等。试验表明，土壤含水量与杀菌杀虫的效果密切相关，过低达不到杀菌杀虫的效果。一般达到田间持水量的80%效果最好。所以，闷土前一定要大水漫灌，使土壤形成缺氧环境，更加有利于防治病虫草害。同时，浇大水还能把土壤盐分带到土壤深层，起到降低土壤盐分含量的作用。

　　试验证明，高温闷土结合施肥效果更好。特别是结合施用秸秆肥和石灰氮效果最佳，可降低化学农药使用量，减缓连作障碍。具体处理方法是：在土壤表面清理完之后，每亩均匀撒施玉米、稻草等秸秆（粉碎越细越好）2 000～3 000千克、石灰氮40～80千克，用旋耕机将秸秆和石灰氮翻入土中（深20～30厘米），混合均匀，整平筑畦。在土壤表面覆盖地膜，沟内灌水，直至膜内湿透并有积水，闷土期间如土壤缺水可再灌1次。利用日光照射使薄膜内迅速升温（地表温度可达70℃），持续20天以上。闷土结束后，要揭膜通风5～7天，施入生物菌肥等肥料，浅耕翻、整地、做畦，准备定植。

温 馨 提 示

　　高温闷土要求全部种植区地面覆盖地膜全密闭，若薄膜有破口应及时修补。若覆盖地膜不够密闭，会导致土壤温度较低、消毒效果较差。

　　②化学药剂闷土法。生产上可用于闷土的化学药剂较多，如威百亩、棉隆等灭生性药剂，以及硫黄、甲基硫菌灵、噻唑膦等常规化学药剂，具体选用哪种药剂需要根据果园内土传病害的发生情况而定。

温 馨 提 示

　　三氧化氯、地菌消等环保药剂，即消即用，无需等待，无残留，对人体无害不会影响环境。缺点是用的时间长了容易引起抗药性产生，真菌类杀菌效果不太明显。高毒性农药如棉隆、氯化苦、威百亩等灭菌效果明显，对付绝大多数土传病菌都会起作用，但其毒性很大，用药后需要3～6个月才能定植，对生态环保造成很大的影响，对人体有害，所以使用时一定要小心。

　　威百亩消毒法：在棚室休棚期先施入准备好的有机肥，耕翻土壤2～3遍，深度要达到20～30厘米，整平土壤后做畦，覆盖白色透明地膜。先灌水至田间最大持水量的80%左右（每亩灌水量约50米^3），然后再随水冲施或滴灌威百亩，每亩用量为50千克左右，操作完成后密闭薄膜进行土壤消毒。夏季高温晴好天气20天左右即可结束闷土，然后将通风口打开进行通风，揭掉地膜，土壤湿度合适时耕翻土壤，晾晒土壤7天左右即可整地定植苗木。

　　③新型土壤熏蒸消毒剂。辣根素是新型植物源熏蒸剂，对环境无任何污染，作为土壤处理剂可有效杀灭多种土壤微生物，防控多种土传病害。根据各地的土壤条件确定浇水量，浇水至土壤基本饱和为宜；土

壤消毒耕翻深度最好35厘米以上；保持消毒土壤温度15℃以上，湿度60%以上，使靶标生物处于"活化"状态；覆膜最好使用厚度4丝以上的原生膜、不渗透膜；辣根素具有强烈的刺激性，消毒作业时操作人员应做好自身防护，如佩戴护目镜、防毒面具等。

3. 杂草防控及利用

（1）**畦面与树盘杂草防除** 畦面为无草带，宜常年保持无草状态，可减少蜗牛及各种害虫为害。畦面树盘内的杂草防控宜采用覆盖（树皮、菇渣、稻壳或其他有机质）防草，结合人工拔除的办法保持无草状态。

> **温馨提示**
>
> 畦面杂草防控若使用除草剂喷施容易导致果树产生药害，盖防草地布夏季会提高田间温度加重热障碍，物理防除成本相对较高。

（2）**行间路沟生草** 生草栽培可改善果园小气候和增加土壤有机质，但须选择适宜的草种及采用适当的种植技术来扬长避短。行间路沟生草带宜选择低矮、常绿或夏季繁茂、多年生、不结籽草种，不宜选择深根、高秆、爬藤植物，可供选择的植物有姬岩垂草、黄花蔓花生、肥田萝卜、豌豆、紫云英、苕子、黄花苜蓿、毛蔓豆、蝴蝶豆、葛藤等。推荐种植"黄花蔓花生 + 姬岩垂草"混合草坪或其他低矮的豆科绿肥。当杂草高度高于30厘米时，每年夏季机械剪草割草若干次，使草坪高度保持在20厘米以下，草屑干后直接就近用于树盘覆盖，或者将绿肥翻压进土壤中，可增加土壤有机质。

> **温馨提示**
>
> 与火龙果有共同病虫害发生的植物不宜作为间套种植物，如小叶马齿苋是根螨和根结线虫的寄主植物，不宜作为火龙果园间套种植物。

二、果树营养与施肥管理

火龙果吸收的营养包括矿质营养和有机营养两大类。必须矿质营养元素包括大量元素氮（N）、磷（P）、钾（K），中量元素钙（Ca）、镁

（Mg）、硫（S），微量元素铁（Fe）、锰（Mn）、硼（B）、铜（Cu）、锌（Zn）等。火龙果根系嗜好氨基酸、小分子多肽、腐殖酸等有机营养。应根据火龙果的营养需求和生长特性，按照生长时期和阶段需求，结合土壤、气候、栽培技术等因素，选择适宜的肥料种类、用量配比、施肥时间和施肥位置进行科学施肥。

火龙果是多年生果树，每年多批（茬）次结果。火龙果喜肥沃、耐瘠薄、忌浓肥。根毛细胞的渗透压较低，当土壤中易溶盐类含量达到0.1%时，根系的生长即可能受到伤害；若达到0.2%时，伤害影响较为明显。当肥料溶液浓度较大且在土壤中溶解和分布不均匀时，极容易出现烧根现象。因此，火龙果追肥宜淡（浓度低），宜频繁，少量多次，忌大肥浓肥。

不同的生长发育时期，火龙果的生理特点和营养需求是不同的。在幼树阶段和营养生长期，以枝蔓、根系等营养器官的生长为主，氮肥应是营养主体，同时配合钾肥和磷肥。在成年树阶段和开花结果期，火龙果转入以生殖生长为主，氮肥仍是不可缺少的营养元素，同时磷、钾肥的施用量也应随着结果量的增加而增加，此外在开花结果盛期，果树容易出现微量元素的贫乏症或营养比例失衡，应注意补充和平衡。

1. 施肥基本原理

（1）**养分归还学说** 又称"养分带走－补充"平衡理论。火龙果果实的收获与枝条修剪会带走各种养分和元素，要持续保持果园土壤较高的地力和肥力就必须把果实和枝条所带走的养分归还给土壤。不同果园的土壤中各养分含量不同，火龙果植株对各种养分的需求量也不同，加之其对不同养分的吸收利用率不同，若施肥仅仅归还果实、枝条带走的部分养分仍然达不到科学施肥的目的。

（2）**最小养分律** 火龙果生长发育需吸收各种养分，决定生长情况的是相对含量最小的养分，而非绝对含量最小的养分。在一定范围内，作物的产量随相对含量最小的养分增加而增加。施肥是为了补充欠缺的营养物质，从而使作物获得高产。最小养分并非固定不变，而是随条件和时间变化的。补充最小养分满足作物的需求后，此养分就可能不再是最小养分，其他养分可能成为最小养分。

（3）**限制因子律** 影响作物生长的因子除了养分以外，还有土壤物理性质（质地、结构、水分、通气性等）、气候（气温、光照、风雨雪霜等）和农业技术。这些因素都可以成为作物正常生长的限制因子，当某一生长因子不足时，增加其他因子不能继续使作物生长，直到补足该因子时，作物才能继续生长。

（4）**报酬递减律** 指从单位面积土地上所得的报酬随着向土地投入的劳动和资本量的增加而增加，但随着投入的单位劳动和资本的增加，报酬的增加是呈逐渐降低趋势的。换言之，在其他管理和技术相对稳定的前提下，随着施肥量的增加，火龙果的产量随之增加，但火龙果的增产幅度却是随着施肥量的增加而呈降低的趋势。

2. 火龙果合理施肥的指导原则

（1）**根据土壤养分的丰缺状况进行施肥** 通过土壤营养诊断，可对土壤中各主要理化指标进行监测分析，可了解到土壤的健康和肥力状况（表4-2），是科学施肥、土壤改良的重要依据。

表4-2 火龙果园土壤主要理化指标水平分级（干基）

序号	元素	测定项目	单位	极高	高	中等	低	极低	测定方法
1	—	容重	克/厘米³	>1.50	1.30~1.49	1.20~1.29	1.00~1.20	<1.0	环刀法
2	—	pH	—	>8.5	7.6~8.5	6.6~7.5	5.0~6.5	<5.0	酸度计
3	—	阳离子交换量	厘摩尔/千克	>20.0	15.1~20.0	10.0~15.0	5.0~9.9	<5.0	EDTA—铵盐浸提—蒸馏滴定法
4	—	电导率EC值	分西门子/米	>1.0	0.6~1.0	0.2~0.6	0.1~0.2	<0.1	饱和浸出液25℃，电导仪测定
5	—	有机质	克/千克	>40	30~40	10~30	5~10	<5	重铬酸钾氧化—滴定法
6	N	全氮	克/千克	>2.0	1.0~2.0	0.75~1.0	0.5~0.75	<0.5	浓硫酸消煮—半微量开氏法
		碱解氮	毫克/千克	>150	120~150	60~120	30~60	<30	碱解扩散法
7	P	全磷	克/千克	>2.0	1.5~2.0	0.75~1.5	0.5~0.75	<0.5	氢氧化钠熔融—钼锑抗比色法
		速效磷	毫克/千克	>40.0	20.0~40.0	5.0~20.0	3.0~5.0	<3.0	碳酸氢钠提取—钼锑抗比色法

（续）

序号	元素	测定项目	单位	极高	高	中等	低	极低	测定方法
8	K	全钾	克/千克	>20	15.0～20.0	5.0～15.0	3.0～5.0	<3.0	氢氧化钠熔融—火焰光度计法
		速效钾	毫克/千克	>200	150～200	50～150	30～50	<30	醋酸铵提取—火焰光度计法
9	Ca	有效钙	毫克/千克	>1 000	750～999	500～749	100～499	<100	醋酸铵提取—原子吸收分光光度计法
10	Mg	有效镁	毫克/千克	>300	200～299	100～199	50～99	<50	醋酸铵提取—火焰光度计法
11	S	有效硫	毫克/千克	>40	30～39	20～29	10～19	<10	磷酸盐—醋酸、硫酸钡比浊法
12	Si	有效硅	毫克/千克	>200	100～199	50～99	20～49	<20	柠檬酸浸提—硅钼蓝比色法
13	Cl	氯离子	毫克/千克	—	—	—	—	—	
14	Na	钠离子	毫克/千克	—	—	—	—	—	
15	Mn	有效锰	毫克/千克		>20	1.0～20.0	<1.0		DTPA浸提—原子吸收分光光度计法
16	Zn	有效锌	毫克/千克	>2.0	1.0～1.9	0.50～0.99	0.10～0.49	<0.10	DTPA浸提—原子吸收分光光度计法
17	Cu	有效铜	毫克/千克	—	>1.0	0.2～1.0	<0.2		DTPA浸提—原子吸收分光光度计法
18	Fe	有效铁	毫克/千克	>20.0	10～19	5.0～9.9	0.10～0.49	<0.10	DTPA浸提—原子吸收分光光度计法
19	B	有效硼	毫克/千克	>2.0	1.0～1.9	0.50～0.99	0.10～0.49	<0.10	沸水浸提—姜黄素比色法
20	Mo	有效钼	毫克/千克	>0.20	0.10～0.19	0.50～0.99	0.10～0.49	<0.10	草酸、草酸铵浸提—极谱法

　　当土壤中某种养分的状况处于低或极低水平时，须进行针对性的施肥，以补充土壤的有效养分，以免植株产生缺素症；当土壤中某种养分的状况处于高或极高水平时，应注意避免某种元素过量，导致植株内各

营养元素的比例失衡或产生中毒危害。当氯离子含量达到0.05%～0.1%时，易受中毒危害；当达到0.05%～0.1%时，即可能致死。火龙果氮、磷、钾、钙、镁的需求比例大致为2：1：3：1：0.5。火龙果为多年生果树，每年源源不断地从果园带走果实和枝条，会造成土壤矿质营养元素的流失，须通过施肥来不断补充恢复。

（2）**根据树体营养状况进行施肥** 通过测定分析枝条营养含量能及时准确地反映树体营养状况，可分析出各种矿质营养的不足或过剩。宜根据枝条营养诊断的结果，调整施肥种类和数量，可保证树体的正常生长和开花结果。供测定分析的枝条，宜在枝条营养元素变化较小的时候进行。根据分析测定的目的不同，采样的时期不同，但供分析的枝条标准应尽量一致，以减少采样误差。在春梢生长末期（表4-3）与开花结果前期采集枝条样品进行测定分析，更有利于分析和判断植株的真实营养水平。

表4-3 火龙果春梢生长末期成熟枝条营养诊断元素含量水平分级（干基）

序号	元素	测定项目	单位	高	中等	低	测定方法
1	N	氮	%	＞1.80	1.50～1.80	＜1.50	浓硫酸消煮—半微量开氏法
2	P	磷	%	＞0.35	0.25～0.35	＜0.25	氢氧化钠熔融—钼锑抗比色法
3	K	钾	%	＞4.00	3.00～4.00	＜3.00	氢氧化钠熔融—火焰光度计法
4	Ca	钙	%	1.0～1.9	2.1～3.9	4.0～4.9	醋酸铵提取—原子吸收分光光度计法
5	Mg	镁	%	0.20～0.29	0.30～0.39	0.40～0.49	醋酸铵提取—火焰光度计法
6	S	硫	%	—	—	—	磷酸盐—醋酸、硫酸钡比浊法
7	Si	氯	%	＜0.1	0.1～0.2	0.2～0.5	柠檬酸浸提—硅钼蓝比色法
8	Cl	钠	%	—	＜0.15	0.15～0.25	
9	Na	锰	毫克/千克	21～99	100～199	200～299	
10	Mn	锌	毫克/千克	21～99	100～199	200～299	DTPA浸提—原子吸收分光光度计法
11	Zn	铜	毫克/千克	6～9	10～15	16～20	DTPA浸提—原子吸收分光光度计法

（续）

序号	元素	测定项目	单位	高	中等	低	测定方法
12	Cu	铁	毫克/千克	21~49	50~99	100~199	DTPA浸提—原子吸收分光光度计法
13	Fe	硼	毫克/千克	21~49	50~99	100~199	DTPA浸提—原子吸收分光光度计法
14	B	钼	毫克/千克	0.06~0.09	0.10~0.30	0.30~0.49	沸水浸提—姜黄素比色法

　　广西苏贝尔分析测试中心对南宁市隆安县主产区的火龙果园的监测表明，春梢生长末期与开花结果前期的枝条中 N : P_2O_5 : K_2O 含量比例为 1 : 0.2 : 2.8，氮含量水平的周年变化为1.30%~2.00%，其中在末批次果采收结束之后相对休眠期（2月）的含量水平最低，在春梢生长末期与开花结果前期的含量水平最高，之后随着陆续开花结果下降起伏；磷含量水平的周年变化为0.32%~0.55%，其中在末批次果采收结束前后（1月）的含量水平最高，之后逐渐下降，至9月含量水平降至最低（图4-2）；钾含量水平的周年变化为3.60%~4.50%，其周年变化趋势与氮相似，在末批次果采收结束之后相对休眠期（2月）的含

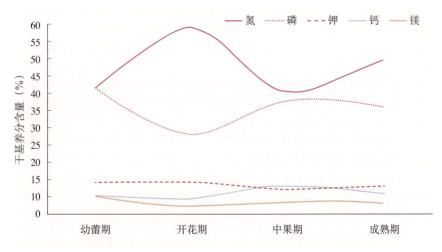

图4-2　火龙果枝条养分在单个开花结果周期内的变化

量水平最低，在春梢生长末期与开花结果前期的含量水平最高，之后随着陆续开花结果下降起伏。

火龙果果园营养诊断的适宜取样时期应在每年的第一批次花蕾自然现蕾前，一般选取代表性植株5～10株，取样位置为二年生的成熟枝条的中部。1～2月龄的枝条矿质元素含量较为稳定，可反映火龙果植株的营养状况，是火龙果枝条营养诊断的合理取样部位。

（3）**根据火龙果不同物候期的营养需求进行施肥** 在作物营养临界期、营养最大效率期及时适量施肥效果最好。不同生长阶段的根部营养配方应做到"全素营养、配比合适、以（单）产定肥、适量适频"，避免"偏施单施、大水大肥、过量施肥"。

通过图4-2可以看出，火龙果枝条养分在单个开花结果周期内的变化是伴随着花和果实的器官发育呈现出快速转移和起伏变化。氮素水平在开花前后达到最高值，开花后逐渐下降，至开花后大约15天的中果期降至最低点，至成熟期氮素水平略有回升，说明幼果的发育和膨大伴随着氮素从枝条转出。磷素水平在开花前后为最低水平，开花后大约15天达到最高值，果实成熟期有明显下降，说明开花后植株对磷素的需求和吸收较多，果实膨大和成熟期磷素从枝条转移至果实的速度较快。钾素水平在现蕾后呈现快速上升趋势，在开花前后达到最高值，开花后急剧下降，至开花后大约15天的中果期降至最低点，果实成熟期有所回升，说明花蕾发育期对钾素的需求和吸收多，幼果的发育和膨大伴随着钾素从枝条快速转移。钙素营养在幼蕾期处于较高水平，开花前后降至最低点，开花后逐步回升，说明花器官的发育需要消耗大量的钙。镁素营养在幼蕾期达到最高值，开花前后降至最低点，中果期有所回升，成熟期略有下降，说明开花期和膨大成熟期镁素从枝条转移输出较多。

（4）**根据肥料特性进行合理施肥** 合理施肥须考虑适宜的肥料种类、配比用量、施肥时机、施肥位置。

氮肥施用方面，铵态氮和硝态氮是速效肥，可做追肥，但铵态氮要深施覆土，酰胺态氮肥尿素的缩二脲含量应小于0.5%且宜避开低于15℃的低温季节施用。尿素、碳酸氢铵等氮肥不宜浅施、撒施或施用浓度过高。尿素是酰胺态氮肥，含氮较高，施入土壤后须经微生物分解转化成铵态氮才能被作物吸收利用，不宜在低温季节施用。碳酸氢铵的性质不稳定，若表面浅施利用率低，同时氮肥浅施追肥量大，浓度过高，挥发出的氨气会熏伤植株茎蔓，易造成肥害。

钙、镁、磷肥在水中不易溶解，肥效缓慢，不宜作追肥，宜作基肥与有机肥混施，或者通过喷滴灌追施。磷酸一铵、磷酸二铵等溶解性好宜作喷滴灌肥料。钾肥宜作基肥施用，也可作为追肥。磷酸二氢钾为优质水溶肥，宜作为叶（果）面喷施肥料。微量元素肥料施用量少，容易被土壤固定，宜叶面或果面喷施补充。

（5）施肥方法须科学合理

①有机肥为主，配合施用化肥。目前，我国的火龙果园的土壤有机质含量普遍偏低，应加强有机肥的施用。有机肥营养全面，持效期长，且可改善土壤理化性质，但提供营养的强度较低且某些养分含量和比例偏低，应配合养分释放快的化肥。

知 识 拓 展

有机肥的施用：冬季相对休眠期施有机肥，可用轻型开沟机械在滴水线附近开浅沟（沟深10～15厘米），宜轮边施肥，一年一次。每年采果结束后每亩施用3 000千克腐熟的混合有机肥加100～150千克复合肥。春夏季生长期和开花结果期施有机肥，宜直接将有机肥铺撒在树冠滴水线附近，不宜动土开沟，以免伤根。

②配方施肥。宜大、中、微量元素全面平衡施肥，应避免偏施某种营养元素的化肥，尤其是在开花结果期须注意避免速效氮的施用，以免降低果实品质和风味。某些营养元素之间存在着拮抗或者协同作用。如氮肥尤其是铵态氮施用过多，会与Mg^{2+}、Ca^{2+}产生拮抗作用，影响镁、钙的吸收，氮肥过量容易表现缺钾症；磷肥施用过多，会抑制氮素的吸收，还可能引起植株缺铜、缺硼、缺镁、缺锌，阻碍K^+的吸收，还会活化有害物质如活性铝、铁、镉等；施钾过量，易导致钙、镁、硼等拮抗作用。

高产园丰产期施用的氮磷钾配比宜为1∶0.4～0.6∶1.2～1.5。按4 000千克/亩的目标产量，在考虑养分利用率的情况下，年亩施纯氮40.1千克、五氧化二磷13.2千克、氧化钾13.2千克。施用过程应根据植株生长势和结果量情况，对各种单品肥料的用量和比例进行调整。

③追肥宜少量多次。火龙果为浅根系作物，不耐肥。应减少一次性

大量施肥，每次每亩水溶肥料用量宜在2～4千克。

④以水带肥。根据灌溉设施选择水溶肥，对于肥料不可溶于水的物质含量，滴灌要求＜0.2%，微喷灌要求＜5%，喷灌要求＜15%，淋施浇施的要求较低。追肥宜水肥一体，提倡用全水溶肥通过滴灌追肥，这种追肥方式省工高效且肥效利用率高（图4-3）。追肥以勤施、薄施为原则，定植20天后，当开始长出新根或新梢长度≥10厘米时开始淋施稀释10倍液的腐熟粪水，或混有花生麸水0.2%～0.3%的氮磷钾（20-10-10）三元复合肥或含中微量元素的高氮冲施肥，每次追肥量为2～3千克/亩，每月施3～4次。

图4-3　水肥一体化远程控制终端

⑤其他。宜注重土壤的精耕细作。生长季追固态化肥宜浅，施后将表层土耙一下。种地养地结合，注重养地，间套种绿肥改土，保持田间无草或杂草高度≤20厘米，以保持水土和减少养分随水流失。施肥须便捷、高效、经济，注重施肥的省钱、省时、省工，达到高产优质的目标。注重获取资材和服务便利，宜就近取材，注重购买、运输、保存、施肥、日常维护的便利，选择专业公司提供的高性价比服务。

三、水肥一体化管理

1.施肥过程

（1）**灌溉水过滤**　灌溉水须经100目的过滤网或120亩叠片式过滤器进行过滤，以确保滴灌系统不堵塞；水质含钙离子浓度大、硬度高的水宜经软化后再使用。过滤器须定期进行清洗，每月定期打开喷滴灌管道末端进行冲洗，排出淤积异物（图4-4）。

图4-4　滴管带定期冲淤和清洗

（2）**灌区用肥备料**　根据单个灌区的实际面积和施肥方案，计算用肥量，准备好肥料。宜选择全水溶、有效成分含量高的肥料。管道施用自行沤制的有机肥液应经过充分发酵，并且分别经过10～20目的滤网进行二级过滤。

（3）**喷滴灌施肥**　按"水—肥—水"的次序进行给水施肥。首先打开施肥区的管道开关滴清水20分钟，然后滴肥30～60分钟，最后滴清水15～30分钟，使肥液完全排出管道系统，以避免藻类和微生物滋生堵塞喷头；同时要避免过量灌溉造成养分淋失至根层以下。

2.喷滴灌系统的维护保养

（1）**加强喷滴灌作业期间的巡园**　在喷滴灌作业期间进行巡园，全面检查是否有管道断裂、漏水、堵塞和出水不均匀等。若发现异常，及时排除故障或维护维修。同时注意检查喷滴灌出水口附近的土壤湿润情况，看看滴水线附近土壤是否湿润均匀充分；若管道过于靠近植株根颈部，导致根颈附近过湿而滴水线附近土壤较干燥，须将喷滴灌管道外移固定。

（2）**管道堵塞的原因排查和预防**　喷滴灌管道堵塞的常见原因有泥沙杂质、化学沉淀物、菌藻生物等。应根据堵塞的原因进行处理和排查。如遇到化学堵塞，可通过酸液溶解清洗，常用的酸制剂有高氯酸、硝酸、硫酸等。使用时须将酸液pH调节至5.5～6.0，浓度须严格，以免伤害作物根系。清洗过程须尽量调低灌溉压力，让酸液流速减缓，以提高清洗效果，清洗结束后继续滴清水冲洗管道。

3.幼年树施肥方案 本技术方案（表4-4）适用于一年生火龙果幼年树施肥管理。

表4-4 火龙果幼年树施肥方案

项目	关键技术标准参数	施肥时间
基肥	树盘施5吨/亩，条带状铺施树盘，宽120～150厘米，深20厘米	8月或2月定植前
追肥	追施氮磷钾（20-10-5）水溶肥2千克/亩	3～11月，共25次
叶面肥	每批新梢伸长期结合病虫害防治喷3次	4～12月，共9次

（1）**全年施肥** 每亩年施肥有效成分总量N 30千克、P_2O_5 10千克、K_2O 40千克、CaO 15千克、MgO 10千克、B 200克、Mo 100克、Mn 100克、Zn 200克、Fe 1 000克（表4-5）。

表4-5 火龙果幼年树全年施肥有效成分总量
单位：千克/亩

项目	N	P_2O_5	K_2O	CaO	MgO	BO	ZnO	说明
施肥各素总量	30	10	40	15	10	0.2	0.2	—
施肥各素比例	3	1	4	1.5	1	0.02	0.02	—
基肥（千克/亩）	20	20	5	10	5	0	0	—
每亩追肥总量	10	0	25	5	5	0.2	0.2	补基肥缺量
每亩养分需求	10	2.5	15	2	1.0	0.2	0.2	—
亩追肥总量	25	15	60	55	50	—	—	花生麸每月2次，每次施1.4千克/亩

注：若基肥每亩年施肥量不足5 000千克/亩，则追肥需按缺口部分的养分补足施肥各素总量。

（2）**基肥** 有效成分总量占全年施肥量的67%。每亩全年施腐熟混合有机肥5 000千克/亩，其中奶牛粪（2 000千克/亩）、麸饼（200千克/亩）、钙镁磷肥（100千克/亩）（表4-6）。基肥施用时间为8月或2月定植前。树盘条施5吨/亩，条带状铺施于树盘带，宽120～150厘米，施后用小型微耕机与表土混匀，深度为20厘米。定植前开5厘米深度的种植沟，条施阿维噻唑磷2.5千克/亩，与土混合深度5厘米。定植后用 $7 \sim 8$ 米^3/亩半腐熟的树皮基质覆盖树盘，厚度10厘米。

表4-6　火龙果园年施用有机肥沤制的基肥配方及有效成分总量

单位：千克/亩

项目	年施用量	N	P_2O_5	K_2O	CaO	MgO
湿牛粪	2 000	6.4	5	3.2	—	—
甘蔗渣	2 650	0	0	0	—	—
麸饼	200	12.8	2.4	2.6	—	—
钙镁磷肥	100	0	12	0	10	5
养分总量	5 000	19.2	19.4	5.8	10	5

（3）**追肥**　有效成分总量占全年施肥量的33%。定植后约15天，当根系恢复生长或茎尖恢复生长时，开始追第一次肥。幼年树滴灌追肥方案参照表4-7进行。

表4-7　火龙果幼年树滴灌追肥方案

单位：千克/亩

序号	日期及工作	氨基酸冲施肥	尿素	硫酸钾	硝酸钙	七水硫酸镁	硼酸	硫酸锌
1	2月下旬 攻梢肥1	1	1	4	1	1	0.15	0.15
2	3月上旬 攻梢肥2	2	1	4	1	1	0	0.20
3	3月下旬 攻梢肥3	0	2.5	4	1	1	0.20	0
4	4月上旬 攻梢肥4	0	2.5	4	1	1	0	0.15
5	4月中旬 攻梢肥5	0	2.5	4	1	0	0.15	0
6	4月下旬 攻梢肥6	0	2.5	4	1	0	0	0.15
7	5月上旬 一茬果肥1	0	2	4	2	0	0.15	0

（续）

序号	日期及工作	氨基酸冲施肥	尿素	硫酸钾	硝酸钙	七水硫酸镁	硼酸	硫酸锌
8	5月中旬 一茬果肥2	2	2	4	2	1	0	0.15
9	5月下旬 一茬果肥3	0	2	4	2	0	0.15	0
10	6月上旬 一茬果肥4	2	2	4	2	1	0	0.15
11	6月中旬 一茬果肥5	0	2	4	2	0	0.15	0
12	6月下旬 一茬果肥6	2	2	4	2	1	0	0.15
13	7月上旬 二茬果肥1	0	2	4	2	0	0.15	0
14	7月中旬 二茬果肥2	2	2	4	2	1	0	0.15
15	7月下旬 二茬果肥3	0	2	4	2	0	0.15	0
16	8月上旬 二茬果肥4	2	2	4	2	1	0	0.15
17	8月中旬 二茬果肥5	0	2	4	2	0	0.15	0
18	8月下旬 二茬果肥6	2	2	4	2	1	0	0.15
19	9月上旬 二茬果肥7	0	2	4	1.5	0	0.15	0
20	9月中旬 三茬果肥1	2	2	4	1.5	1	0	0.15
21	9月下旬 三茬果肥2	0	2	4	1.5	0	0.15	0
22	10月上旬 三茬果肥3	2	2	4	1.5	1	0	0.15
23	10月中旬 三茬果肥4	0	2	4	1.5	0	0.15	0
24	10月下旬 三茬果肥5	2	2	4	1.5	1	0	0.15
25	11月上旬 三茬果肥6	0	2	4	1	1	0.15	0

（续）

序号	日期及工作	氨基酸冲施肥	尿素	硫酸钾	硝酸钙	七水硫酸镁	硼酸	硫酸锌
	追肥量 年合计	25	50	100	40	15	2	2
	追肥纯量 年合计	—	23＋6.4	50	9.2	2.4	1.1	0.4

注：①尿素、硫酸钾等可用其他化肥替代，用量按相同的养分纯量折算。②气温较低时，宜用硝态氮肥替代尿素；③2～4月每旬，每茬果的花蕾期、幼果期、中果期以及树体恢复期分别通过滴灌施用一次功能性肥料（如动物源氨基酸、海藻肥、矿物腐殖酸、亚磷酸钾、微生物菌剂肥等）。

全年追施全溶性化肥300千克/亩，其中氨基酸冲施肥25千克/亩，尿素20千克/亩、硫酸钾50千克/亩、硝酸钙20千克/亩、七水硫酸镁15千克/亩、硼酸2千克/亩、硫酸锌2千克/亩。实际追施次数和用量可结合新芽量、生长速度、树势等进行相应调整。实际追施日期应根据近期一周天气预报决定，可提前或推后1～3天。

（4）**叶面肥** 每批新梢结合病虫害防治喷3次功能型叶面肥。

4. 成年结果树施肥方案 本技术方案（表4-8）适用于二年生及二年生以上火龙果成年结果树施肥管理。

表4-8 火龙果成年结果树施肥方案

项　目	关键技术标准参数	完成日期
施冬肥	撒施2吨/亩，条带状铺施两侧滴水线，宽40厘米	11～12月
追攻梢肥	追施氮磷钾（20-10-5）水溶肥2千克/亩	2～4月，共6次
施夏肥	撒施2吨/亩，条带状铺施两侧滴水线，宽40厘米	4～5月
追花果肥	追施氮磷钾（20-20-10）水溶肥2千克/亩	5～11月，共19次
喷叶面肥	每茬果花蕾期、幼果期结合病虫害防治喷3次含多种中微量元素的有机叶面肥	5～12月，共9次

（1）**全年施肥** 每亩年施肥有效成分总量N 30千克、P_2O_5 10千克、K_2O 40千克、CaO 7.5千克、MgO 5.0千克、B 200克、Mo 100克、Mn 100克、

Zn 200克、Fe 1 000克，为有机肥和追肥总纯量之和（表4-9）。

表4-9　火龙果成年结果树全年施肥有效成分总量

单位：千克/亩

序号	项目	N	P_2O_5	K_2O	CaO	MgO	B_2O_3	ZnO	说明
1	施肥各素总量	30	10	40	15	10	0.2	0.2	—
	施肥各素比例	3	1	4	1.5	1	0.02	0.02	—
2	基肥5 000千克/亩	20	20	5	10	5	0	0	
3	每亩年追肥总量	10	0	25	5		0.2	0.2	补基肥缺量
4	每亩年养分需求	10	2.5	15	2	1.0	0.2	0.2	果实等带走

注：若基肥年施肥量不足5 000千克/亩，则追肥需按缺口部分的养分补足施肥各元素总量。

（2）**基肥**　有效成分总量占全年施肥量的67%。全年施腐熟混合有机肥5 000千克/亩，分2次施用，其中冬肥（月子肥、采后肥）和夏肥（怀孕肥、花前肥）各占50%。冬肥（月子肥、采后肥）施用时间为11～12月自然产果期结束后。夏肥（怀孕肥、花前肥）施用时间为4～5月第一茬果花蕾期，即自然产果期及雨季开始前。夏肥施用后宜结合绿肥刈割还田，覆盖树盘。

（3）**追肥**　有效成分总量占全年施肥量的33%。全年追施全溶性化肥300千克/亩，其中氨基酸类冲施肥25千克/亩、尿素50千克/亩（缩二脲含量＜1.0%）、硫酸钾100千克/亩、硝酸钙40千克/亩、硫酸镁15千克/亩、硼酸2千克/亩、硫酸锌2千克/亩。实际追施的次数和用量可结合新芽量、生长速度、树势、花果量等进行相应调整。实际追施日期应根据近期一周天气预报决定，可提前或推后1～3天（表4-10）。

表4-10 火龙果成年结果树滴灌追肥方案

单位：千克/亩

序号	日期及工作	氨基酸冲施肥	尿素	硫酸钾	硝酸钙	七水硫酸镁	硼酸	硫酸锌
1	2月下旬 攻梢肥1	1	1	4	1	1	0.15	0.15
2	3月上旬 攻梢肥2	2	1	4	1	1	0	0.20
3	3月下旬 攻梢肥3	0	2.5	4	1	1	0.20	0
4	4月上旬 攻梢肥4	2	2.5	4	1	1	0	0.15
5	4月中旬 攻梢肥5	0	2.5	4	1	0	0.15	0
6	4月下旬 攻梢肥6	2	2.5	4	1	1	0	0.15
7	5月上旬 一茬果肥1	0	2	4	2	0	0.15	0
8	5月中旬 一茬果肥2	2	2	4	2	1	0	0.15
9	5月下旬 一茬果肥3	0	2	4	2	0	0.15	0
10	6月上旬 一茬果肥4	2	2	4	2	1	0	0.15
11	6月中旬 一茬果肥5	0	2	4	2	0	0.15	0
12	6月下旬 一茬果肥6	2	2	4	2	1	0	0.15
13	7月上旬 二茬果肥1	0	2	4	2	0	0.15	0
14	7月中旬 二茬果肥2	2	2	4	2	1	0	0.15
15	7月下旬 二茬果肥3	0	2	4	2	0	0.15	0
16	8月上旬 二茬果肥4	2	2	4	2	1	0	0.15
17	8月中旬 二茬果肥5	0	2	4	2	0	0.15	0

（续）

序号	日期及工作	氨基酸冲施肥	尿素	硫酸钾	硝酸钙	七水硫酸镁	硼酸	硫酸锌
18	8月下旬 二茬果肥6	2	2	4	2	1	0	0.15
19	9月上旬 二茬果肥7	0	2	4	1.5	0	0.15	0
20	9月中旬 三茬果肥1	2	2	4	1.5	1	0	0.15
21	9月下旬 三茬果肥2	0	2	4	1.5	0	0.15	0
22	10月上旬 三茬果肥3	2	2	4	1.5	1	0	0.15
23	10月中旬 三茬果肥4	0	2	4	1.5	0	0.15	0
24	10月下旬 三茬果肥5	2	2	4	1.5	1	0	0.15
25	11月上旬 三茬果肥6	0	2	4	1	1	0.15	0
	追肥量年合计	25	50	100	40	15	2	2

5. 施肥管理操作规程和关键控制点

（1）有机肥

①备料。有机肥的主料主要包括三大部分，一是植物残体；二是禽畜残体或粪便；三是无机化学肥料和发酵菌种。建议以当地来源广泛、成本低廉的物料为主。植物残体主要有树皮、秸秆、蔗渣、木薯渣、糖厂滤泥、稻壳、木薯秆、木薯渣、中药渣、咖啡壳、烟叶秆粉、麸皮、米糠、烟秆粉屑等；禽畜残体或粪便主要有动物禽畜粪便、动物加工厂下脚料；无机化学肥料主要是无机营养氮、磷、钾、钙、镁，微生物发酵菌种可选择EM菌、枯草芽孢杆菌、酵素菌等。

参考配方如下：

配方一：咖啡壳25%、甘蔗渣25%、牛粪25%、滤泥25%；

配方二：奶牛粪60%、甘蔗渣（或其他纤维）30%、麸饼10%、钙镁磷肥100千克/亩。

②混合堆沤和翻堆。按照"有机肥生产工艺"的物料配比和工艺流程进行发酵堆沤。按配方比例将堆肥物料混合均匀，其间，每隔20天左右翻堆一次，边混边喷淋生物菌剂施利康（200克/吨），将湿度调节至60%左右。堆沤方式为有氧发酵堆沤，堆沤发酵应彻底充分腐熟，堆肥内的发酵温度达60～65℃，堆沤时间60～120天。发酵达到预期温度可以将物料中的有害病菌、寄生虫卵、杂草种子等进行彻底杀灭。有机肥充分腐熟的标准是黑褐色、无刺鼻臭味，疏松粉末状。

③施用。我国南方火龙果主产区的火龙果园土壤有机质含量较低（＜0.5%）。应在3～5年内将土壤有机质提高至2%～5%。每年每亩施用充分腐熟有机肥4吨。按单侧用量4.0千克/米条带状均匀铺施于两侧滴水线，施肥带宽40厘米，或者在火龙果植株两侧约50厘米处开浅沟，沟宽15～20厘米，沟深10～15厘米。并每柱增施富泰威有机钙粉2千克＋水镁石50克（镁≥55%）＋硼钠钙石10克（含硼≥3）。

（2）追肥

①溶解。往溶解池内注入清水至一半左右高度；水溶肥溶解稀释的均匀度影响果树根系吸收，宜采用二次稀释法。第一次稀释，提前将粉剂水溶肥和水剂原液倒入小桶内，边加自来水边搅拌，直至充分溶解成为"一次稀释液"；施用前进行二次稀释，将"一次稀释液"加入溶解池中，边倒边搅拌直至混匀即可；最后往溶解池内注入清水至预定高度，边注清水边搅拌均匀，随后打开喷滴灌开关施用。

温馨提示

应避免将肥料直接倒入大桶中直接溶解，易导致溶解不充分和搅拌不均匀。

②喷滴。打开A片区淋水阀门，其余片区阀门关闭；根据预先设定的喷滴时间，先喷滴清水若干分钟，再喷滴肥液，然后喷滴清水若干分钟，以避免肥料溶液残留在管道内腐蚀、淤塞或滋生菌藻；A片区施完后，切换至B片区淋肥，打开B片区淋水阀门，再关闭A片区淋水阀门，其余片区阀门关闭；其余片区喷滴肥液操作依次类推。

6. 施肥技术方案的潜在改进点 有机肥（基肥）堆沤宜采用老牌大厂生产的火龙果全素专用生物商品有机肥。大面积、常规化应用某品牌商品有机肥前，宜做小规模对照试验，选择性价比最高的处理。关于新厂新产品的肥效验证，可设置小组试验，分若干组对照，自制混合有机肥（对照）、商品有机肥一、商品有机肥二、商品有机肥三等，用火龙果新苗或速生蔬菜幼苗栽培做比较试验，通过后期的生长反应筛选。

7. 功能肥料的选择与应用 常见的功能肥料包括海藻酸肥、氨基酸肥、鱼虾肽蛋白肥、腐殖酸肥等有机水溶肥，这些功能肥料往往还添加有中微量元素，生产中结合喷滴管施肥适当使用，对于火龙果园改良土壤、改善营养、促进生长、改善品质、增强抗逆性等具有良好效果。

（1）**海藻酸肥** 主要成分为深海海藻提取物、甜菜碱、天然生长激素等，同时富含活性有机质、糖类、醇类、抗逆因子等，可调节生长、促进光合作用、提升作物营养水平、保花保果、提高产量、改善果实品质和提高作物抗逆性等。在遭遇恶劣天气、药害、病害胁迫情况下，使用海藻酸肥有利于树势恢复和促进生长。

（2）**腐殖酸肥** 主要成分为腐殖酸、黄腐酸等大分子有机质，可提高植株体内多种酶的活性和叶绿素含量，保护维持细胞膜通透性，具有改善土壤团粒结构，提高土壤阳离子吸附性能和保肥能力，与化学肥料配合施用具有增效作用，施用腐殖酸肥之后能有效改善土壤板结、土壤酸化、肥力下降等问题，促进植物根系生长健壮。

（3）**氨基酸肥** 主要成分为多种氨基酸。氨基酸容易被植物吸收利用。氨基酸参与多种生命活动，例如L-谷氨酸可作为气孔保卫细胞的渗透剂调控气孔的开闭，具有增强植株抗逆性、提高产量、改善品质和提高作物养分利用率等功效。

（4）**鱼虾肽蛋白肥** 主要成分为鱼虾蛋白、多肽、氨基酸、脂类、维生素、微量元素等，可增加膜脂中不饱和脂肪酸的含量，稳定细胞膜结构，提高光合作用等，其功能较氨基酸更多元，具有改良土壤、增加肥力、促进土壤微生物繁殖、增强生长势、促进果实膨大、提高果实品质风味等功效，也可提高树体对逆境（低温、干旱、水涝、药害等）胁迫的抵御能力。

（5）**麸饼类发酵肥** 以制作花生麸饼类发酵肥为例，按水1 000千克、花生麸100千克、面粉5千克、尿素2千克、红糖5千克、芸薹素内酯500克、鸡蛋20个、复合菌5千克的用量比例发酵。

在通风避光处放置吨桶，往内注水100千克，依次加入花生麸、面粉、尿素后，继续加水400千克，搅拌混匀；于普通水桶内加水5千克，将鸡蛋去壳捣烂后加入桶内拌匀，然后加入复合菌母液混匀，接着加入芸薹素内酯、红糖激活菌群；将普通水桶内的溶液全部倒入吨桶，注水400千克，搅拌均匀，静置发酵，每隔4～6小时搅拌一次；3～4周发酵完成后，取滤清液稀释300～500倍液，于傍晚之后通过滴灌施用。

（6）**功能性微生物菌肥**　按水1 000千克、复合菌10千克、矿源黄腐酸钾2千克、生化黄腐酸钾5千克、芸薹素内酯1升的用量配制。功能性微生物菌肥具有促进根系发育及防治地下病虫害的作用。

在通风避光处放置吨桶，往内注水100千克，加入矿源黄腐酸钾，搅拌均匀；加入生化黄腐酸钾，搅拌均匀；加入复合菌，搅拌均匀；加入芸薹素内酯，搅拌均匀；注水500千克，搅拌均匀，静置培养发酵；每隔8小时左右搅拌一次，培养发酵48～72小时后即可使用；取滤清液施用，每亩用量为1.0～1.5千克，于傍晚之后通过滴灌随水单独（不可与化肥混合）施用，每7天施用一次。

四、水分管理

水分是火龙果植株正常生长和生命活动的保障，须通过合理的水分管理措施以维持适宜的土壤湿度为根系持续提供水分。土壤水分同时还影响土壤中养分的释放、转化、移动、吸收，土壤的空气、热量以及微生物的活动等。

灌溉技术

1. 需水特性　火龙果原产于热带雨林，喜湿润、耐干旱、忌水涝。火龙果需求的水分包括生理需水和生态需水，生理需水主要是指生命活动中的蒸腾、光合作用等各项生理活动所需的水分，生态需水是指为正常生长发育创造良好生活环境所需要的水分。火龙果从生理需水来看属于需水量小的果树；从生态需水和总需水来看属于需水量中等的果树。火龙果可在较干旱的环境下维持生命和基本生长，但想要生长速度快、产量高、品质好，其需水量是较大的（表4-11）。

表4-11 火龙果对土壤水分的需求

单位：%

项目	生根期	相对休眠期	新梢生长期	开花结果期	果实成熟期
沙土	10～12	8～9	14～16	12～15	9～11
沙壤土	12～14	10～11	16～20	14～18	10～12
壤土	15～17	10～12	18～22	16～20	14～16
黏土	18～20	15～16	22～28	20～24	16～18

知 识 拓 展

常用的土壤含水量的表示方法有以下几种。

①质量含水量（重量含水量）。指土壤中水分的质量与干土质量的比值。质量含水量是一种最常用的表示方法，可直接测定。

②容积含水量（容积湿度）。指土壤中水的容积占自然状态下容积的百分数，表示土壤水分填充土壤空隙的程度。

③土壤相对含水量。指土壤实际含水量占该土壤田间持水量的百分数。可反映土壤水分对作物的有效程度和水气的比例状况，是农业生产上应用较为广泛的含水量表示方法。

2.灌溉水质量要求 地表径流水（河水、溪水、水库及池塘水等）、雨水、井水、泉水等均可用作火龙果园的灌溉水源。不同水源中的可溶性物质（钙离子）、悬浮物、pH、水温等不同，对于灌溉管道系统和效果有影响，用硬度过高的水质进行喷淋容易导致果实和枝条表面形成白色水垢（图4-5），影响果品外观和商品价值，应注意灌溉水中不含泥沙、藻类和异物，水质量应符合《农田灌溉水质标准》（GB 5084—2021）。

图4-5 水质硬度过高果实表面残留水垢

3.灌水方式　　规模化现代化火龙果园采用较多的灌水方式是滴灌和喷灌，有的果园两种灌溉方式都采用，滴灌主要用于土壤灌水，喷灌主要用于调节果园小气候。自动化滴灌以滴水的方式缓慢均匀地施于根际，具有节水、省工、高效和利于生长等特点。通过滴灌经常性供水，结合水溶性肥料使用进行追肥，可维持土壤湿润和养分供应均匀，避免土壤过干和过湿，同时可保持根际土壤通气性，有利于火龙果的生长。滴灌的主要缺点是对水质要求较高，对过滤设备、管道、滴头要求较高，水质不良容易堵塞或产生故障、对果园小气候的调节作用较弱。

4.灌水方法　　灌水的时间、次数及水量，因气候、土壤、生长时期、灌水设施设备、灌溉片区面积等而异。适宜的灌水是水压恒定，所有滴水孔出水均匀一致，使距畦面30厘米以上的根际土壤湿度经常保持在田间持水量的60%～80%（手抓土壤不松散也不成团）。灌溉淋水宜密宜勤，不宜大水漫灌和长时间连续浸灌，以避免土壤湿度过大造成根系缺氧，同时可减少水分和肥料渗漏地下无根土壤层造成浪费。

（1）**根据果树需水量与生长阶段需求灌水**　　作物需水量（ETC）=蒸腾蒸发量（ETO）×阶段作物系数（KC）。例如：某地的火龙果园，测得蒸腾蒸发量为4.73毫米，当前的物候期为开花结果阶段，其作物系数为0.40，那么作物需水量 = 4.73毫米 ×0.40 = 1.89毫米。

灌溉系统必须可满足作物所有时期的需水量。考量灌溉系统须考虑最恶劣环境下的情形。大部分时候火龙果园的树盘耕作层土壤宜保持适度的含水量，使枝蔓经常保持水分充足饱满状态，以提高树势和对极端高温低温的抗耐性，同时改善调节果园土壤和气候环境；但同时须预防田间积水及树盘土壤湿度过大。在新梢生长期、花果期、树势恢复期、高温和霜冻高发时段等时期需水量较大，树盘耕作层土壤水分宜经常保持在田间持水量的60%～80%；在相对休眠期、果实转色期、采果期等时期需水量较小，土壤保持适度干旱即可。

①阶段Ⅰ或幼年期（第1年）的水分管理。

淋水：宜常保持根际湿润。定植后10天，晴天每2天淋一次，每次淋水若干分钟（按每亩蓄水3米³计算）。成活后，晴天3～4天淋水一次。当畦面较干发白时，应灌水使土壤水分保持在田间持水量的60%～80%。

排水：夏季尤其是台风季节，全面清理排水沟渠，填平园中的局部低洼地带。易积水地带宜起深沟高畦种植，确保根系分布区常年高于积水面20厘米以上。雨后应及时排除园内积水，将地下水位降至畦面50厘米以下，以免发生涝害。排水不良的园地，应于冬季设置暗管排水或修整排水系统。

②阶段Ⅱ或成年期（第2年及以后）的水分管理。日常淋水和排水参照幼年期。不同之处在于，成年期的新梢抽生期、新梢生长期、现蕾期、开花期、幼果膨大期、果实迅速膨大期等时期土壤宜保持湿润；采果前后、相对休眠期等时期土壤应保持适度干旱。

（2）**根据土壤含水量灌水**　现代水肥一体化系统，由系统云平台、农业气象站、土壤墒情数据采集终端、视频监控、施肥机、过滤系统、阀门控制器、电磁阀、田间管路等组成，根据气象信息、监测的土壤水分数据、火龙果需水需肥规律，进行数据传感提示和预警告知，按照设定的施肥配方、灌溉参数自动控制灌溉量、施肥量、肥液浓度、酸碱度等水肥管理重要参数，自动进行分片区不间断轮灌，管理面积广，科学高效，无需人员值守，用电脑和手机远程监控，不受时间空间限制，水肥均衡，利用率高，节水节肥。但是先进系统和技术的应用，仍然需要懂水肥基本原理和技术的人员去辅助检视智能化自动化系统是否有异常，以及在出现异常的情况下启动应急预案。

可在火龙果园不同片区位置和不同深度土层中安置土壤水分张力计，浅层张力计安置于10～20厘米土层，深层张力计在30～40厘米土层。浅层张力计指示何时开启灌溉，深层张力计监测灌溉水前沿到达何处、一次灌溉量是否合适。土壤水分张力计宜与灌溉系统结合设计为自动化一体化系统，通过土壤含水量的连续测定监控，并将观测数据传输至自动化控制系统，自动调控果园灌水和土壤湿度情况。

下面以某火龙果园为例，说明如何用张力计指导和监控灌溉。通过水分张力计测量出某火龙果地块的土壤（壤土）田间持水量在−20厘巴。进入花蕾生长期后，对水分的需求增大。观察浅层水分张力计的读数，当读数到−35厘巴时需要开启灌溉，依据灌溉计划，灌溉2个小时后停止灌溉。此时，观察深层水分张力计读数，如果读数在−20厘巴附近，说明灌溉量合适；如果水分张力计读数在0～10厘巴，说明灌溉量过多，下次灌溉时需要缩短灌溉时间。相反，如果深层水分张力计读数还远远未到−20厘巴，说明此次灌溉量不够，需要延长灌溉时间（表4-12）。水分张力计可以帮助我们直观地确定何时应该开始灌溉，同时帮助监控灌溉量是否合适，尤其在气候异常的年份，我们无法按照既定的灌溉方案进行灌溉时，水分张力计是指导灌溉的简便工具。当地块内土壤质地不均一时，需要布置多组张力计，分别指导各个区域的灌溉。

表4-12　火龙果对土壤水分的需求与水分张力计读数

单位：厘巴

土壤类型	需灌溉	停止灌溉
沙土	−15	−10
沙壤土	−25	−10
壤土	−30	−10
黏土	−40	−10

通过土壤水分测定仪可测量计算出土壤的含水量。利用多点分布的结合GPS定位功能的土壤水分测定仪测量土壤含水率，同时可以测定测点的精确信息（经度、纬度），实时显示采样点的位置信息，并可将位置和水分、组数等信息存贮到主机内，也可通过计算机导出。

土壤墒情监测深度要求：一般每20厘米为一监测层，火龙果园监测层深度以60厘米内为宜，0～20厘米、20～40厘米两层为必测层（一般只测定这两层），对于沙壤土可以加测0～10厘米土层。依据农田土壤墒情等级、干旱程度分级和几个代表性土壤类型的墒情和旱情判别指标等对数据进行判定。

（3）**操作步骤**

①土壤湿度检测。

感官判断：于树盘距离主干30厘米，取10厘米深度的土壤进行感官判断。

土壤湿度测定仪：按仪器使用说明，观测树盘距离主干30厘米处的土壤湿度读数。

知 识 拓 展

土壤干湿程度判别与分级

饱墒：含水量18.5%～20%，土色深暗发黑，用手捏之成团，抛之不散，可搓成条，手上有明显的水迹。饱墒为适耕上限，土壤有效含水量最大，不能灌溉。

适墒：含水量15.5%～18.5%，土色深暗发暗，手捏成团，抛之破碎，手上留有湿印。播种耕作适宜，有效含水量较高。不需灌溉。

黄墒：含水量12%～15%，土色发黄，手捏成团，易碎，手有凉爽感觉。黄墒适宜耕作，有效含水量较少，播种出苗不齐，需要灌溉。

干土：含水量在8%以下，土色灰白，土块硬结，细土松散。干土无作物可吸收的水分，不适宜耕作和播种，须尽快灌溉。

②喷滴灌溉操作。将地块分为若干小片并编号。读取并记录观测地块的干湿度（或含水量）。记录各地块淋水开始时间、结束时间、淋水量、淋水结束4小时后的土壤湿度读数。田间抽样检查淋水均匀度、滴头堵塞、漏水等情况。首先打开A片区淋水阀门，其余片区阀门关闭；接着喷滴水若干（根据实际计算预定设计时长）分钟；然后打开B片区淋水阀门，再关闭A片区淋水阀门，其余片区阀门关闭。其余片区喷滴灌操作类似。

第 5 章

栽培架类型与整枝模式

火龙果为多年生攀缘性果树，在自然生长状态下无固定的树形结构，植株无发达直立主干，肉质茎中心的木质维管柱不发达，需攀爬附着在其他支撑物（如栽培架、树干、岩石、墙等）上生长（图5-1）。在商业化生产模式中，种植密度通常较大，若不搭建栽培架和整枝，植株无固定树形结构，枝蔓密乱郁蔽，易出现光照通风不良，病虫害严重，老枝、阴枝、弱枝、废枝多，导致果品质量低劣，田间管理（修剪、喷药、采摘等）低效。因此，须根据果树生长特性和群体特点，科学搭建栽培架和整枝，使植株保持一定的树形结构，以满足植株对光照和通风条件的需求，可协调群体生长与个体生长的矛盾，便于进行标准化的田间管理操作。

图5-1　攀附在岩石上自然生长的植株状态

一、栽培架与整枝模式的选择

不同地形适用的架式不同，架式需与整枝模式相配合。整枝有法无定法，基本的指导原则如下。

1. 树形结构简洁，层次分明　树形紧凑，有2～3个层级结构，树形结构可多年保持相对稳定不变。

2. 有效枝蔓数量充足　有效枝蔓指连续结果能力强，生长健壮，成花容易，结果可靠，连续结果能力强，寿命较长的下垂结果枝。有效枝蔓数量充足是丰产稳产的重要保障。

3. 枝蔓质量优良，生长一致　留枝口诀"留枝不废，废枝不留，应留尽留"。枝条疏密均匀一致，尽量让每个枝条可充分接受阳光的照射，以确保枝条质量优良，长度、粗度、枝龄等生长状态相对一致。

4. 新老枝条数量平衡　植株老中青枝条数量比例相当，即一年枝∶二年生枝∶三年生枝数量比例约为1∶1∶1，每年结果期结束之后，将老枝条剪除淘汰，培养新枝条，以实现新老枝条数量平衡。

5.栽培架坚固耐用，树形修剪简单高效　栽培架须坚固耐用，配合采用的树形结构须科学合理，人们容易理解掌握，田间操作简单易上手。

不同的地形地貌和种植区域适用的架式不同，不同的架式需配合不同的整枝模式。常见的火龙果栽培架类型有连排式架、单柱式架和其他非规模化栽培架式，包括无固定附着物自然攀爬石山、墙壁、树干、木桩架、棚架、水泥管筒架等，其中连排式架、单柱式架是商业化栽培中采用最多的架式，本书将重点介绍。无论连排式架、单柱式架，架子的立柱一般种立成行，行间通常保持较大的间隔作为行人或机械通道，树冠的高度须适当，以适应农工或机械操作，同时保证合理的枝幕厚度和果园通风透光。

二、连排式架

连排式架又称篱壁式架，是目前平地与缓坡地火龙果园常采用的架式，宜与"一蔓N枝标准植株"整枝模式进行配套实施。常用的单行篱栽，树冠株间枝幕相连，行间保持较宽的适当间距。该模式一般种植密度较大（株距10～40厘米），同一行的植株是相互独立的，单株整形，群体枝幕是连续的。

连排式架的特征是支撑柱（水泥柱或钢管柱）树立成排，用钢绞线或钢管等在顶部或腰部某个位置将支撑柱连接成排架，用于茎蔓支撑和造型；植株在连杆下方成排种植，主蔓上架后让结果枝蔓向两侧下垂生长。连排式架走向以南北为宜，这样植株受光较为均匀。

过去老式的连排式架结构设计不合理，导致植株整枝修剪方式不良（多为放任枝条生长和非标准化整枝），不利于进行标准化整枝操作。这样的架式和整枝模式除容易导致枝条滋生病原外，枝条层层堆叠易使植株受光不均匀，产量和品质降低，甚至可导致因负载过重发生支架坍塌。此外，目前常见的整枝模式由于枝条生长不一致，导致修剪等管理作业对农工的经验依赖程度较高且工效不高，质量控制不稳定，不利于栽培出品质较为一致的高质量果品（图5-2）。

改良连排式架（图5-3）通过对栽培架的连杆高度、防寒线、横担、托枝线、固定扎线、喷滴灌带、支撑立柱等结构，进行系统的改良和优化设计，使得架式结构更合理、性能更佳，让建园与栽培管理易于实现流程化、标准化、单点优化、精确培训和定量考核成本，配套标准化整枝模式，更符合火龙果生长特点和生产精品果的需求，目前已在国内的平地和缓坡地火龙果园广泛应用。

图5-2　连排式双层栽培（非推荐模式）　图5-3　改良连排式架单层栽培（推荐模式）

1. 改良连排式架的结构和参数　立柱行距2.5～3.5米（可根据日后可能使用的田间机械型号占用的宽度适当调整），行内按每2.0～2.5米竖一根立柱。立柱材料可选用钢管、水泥混凝土柱或其他高强度耐用材料。常规柱总长度190厘米，地上高度140厘米，入土深度50厘米；行头第一根支柱（即边柱）总长度240厘米，地上高度190厘米，入土深度50厘米，粗度和耐折力宜大些。冬季无霜冻风险的地区可不设边柱和防寒托膜线，全部用常规柱。

连排式架（图5-4）于距地面高度140厘米处（即常规柱顶）设连杆1道，宜用钢绞线、钢条、钢管等高强度、高韧性和耐老化的材料。于距地面高度100厘米处设1条与行向垂直的横担，长度80厘米，两端各设1道与行向平行的托枝线。托枝线宜用大棚托膜线或钢线等韧性强、耐老化的软线。托枝线上每隔8厘米（长度可根据栽培品种的结果枝平均粗度调整）设1道固定扎线，长度应足以把枝条固定住。分别于距地面高度30厘米（第一固蔓线）、65厘米（第二固蔓线）、100厘米（第三固蔓线）和190厘米处各设1道拉线（防寒托膜线）。

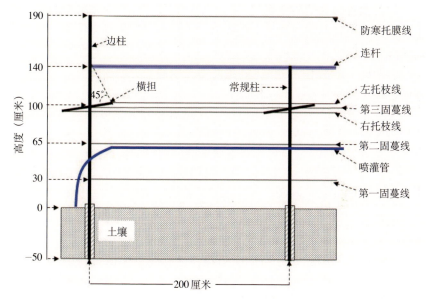

图5-4　改良连排式架示意

2. 改良连排式架各结构的功能

①边柱。收边和固定各条拉线的末端。材料规格宜比常规柱粗大，以增强栽培架两端的支撑力和抗变形力。实际施工时边柱宜向外倾斜30°（或加内斜撑杆），以减少日后支架整体的变形程度。

②常规柱。支撑连杆和各条拉线。每隔4条常规柱应设置1根190厘米的加长常规柱，其顶部用于支撑防寒托膜线，以防止盖膜时薄膜过度下垂。

③连杆。支撑主蔓和整个植株。

④横担。支撑固定托枝线。

⑤托枝线。支撑并固定结果枝，使结果枝保持合理的开张角度。

⑥固蔓线。固定主蔓（主干），第二固蔓线还可起到固定喷灌管的作用。

⑦喷灌管。提供水肥喷淋。

⑧防寒托膜线。在冬季盖薄膜防霜冻时，方便盖膜和支撑薄膜，防止枝条刺座卡扯薄膜。

3. 改良连排式架的特点

①顶部连杆高度设置为140厘米，符合南方人的身高特点，既方便人工修剪等操作，又能使结果枝层幕高度保持最大，利于通风透气。

②连杆上方50厘米处增设1道防寒托膜线，方便盖膜防寒，可有效降低植株冻死的风险。

③立柱1米处设横担和托枝线，使结果枝开张角度保持约45°，光能利用率高，也便于喷药周到。

④托枝线上每8厘米设固定扎线1道，利用实施标准化整枝，结果枝摆放整齐、数量确定、长度一致，利于果品质量稳定，且方便去蕾。

⑤把滴灌带改成喷灌管，由贴地走改成空中喷雾，有利于增大树盘湿润面和控制根系分布层的湿度，同时减少水肥下渗流失，符合火龙果根系浅、分布广的特点，有利于根系在树盘浅层广泛生长。

⑥支柱由A型支撑改为单柱支撑，使行间操作道可利用的宽度加大，利于田间管理，机械走动。遇到台风、大风等可能导致整排支架倒伏的情况时，可通过提前设置临时防倒伏斜撑支柱的办法解决。

改良连排式架的优点是易于灵活选择种植密度，株距10～40厘米，亩植555～2 664株。若种植密度高，则进入丰产期越早，但密度过高进入丰产期后的人工成本较高。

三、单柱式架

单柱式架也称为单柱架、柱式架，是目前山地火龙果园常用的架式，常与"一蔓N枝标准植株"整枝模式或自然圆头型整枝模式进行配套实施。常见的单柱式架栽培，在同一根立柱的四周栽种4～8株火龙果植株，把共用同一根立柱的数个植株作为一个单位整形成一个圆头型树冠形状，不同柱间树冠枝幕不相连。该模式一般适用于种植密度较小（亩植400～900株）的果园。

单柱式架的优点是对地形和坡度要求不高，栽培架搭建简单。缺点是种植密度不易调整，一般是每个水泥柱种4～8株，种植密度偏小，进入丰产期稍晚；但进入丰产期后每亩的产量也与连排式相当。

传统单柱式架（图5-5）基本结构为"水泥立柱＋顶部圆盘(混凝土或橡胶圈)"，采用圆头型树冠，这种传统模式存在着单株树形不一致，枝条凌乱、开张角度长短及粗细不一等，修剪多凭经验、操作不精准等缺点，这些缺点不利于以规模化、集约化的方式进行精品火龙果栽培，同时也不利于生产出品质稳定的果品。

图5-5 传统单柱式＋自然整枝模式

1. 改良单柱式架（图5-6）

各部分结构和参数

①立柱。常以混凝土钢筋或方钢作为立柱材料，立柱行距2.5～3.0米，行内按每2.0～2.5米竖一根立柱。立柱长度200～220厘米，露出地面高度150～170厘米。

②十字支架。常用粗度大于10毫米的钢条，主要作用是支撑托枝圈，材料硬度应足以支撑丰产期时火龙果树冠的重量，不易变形，同时起到植株阻隔分区的作用。

③托枝圈。可用钢条、橡胶圈或其他韧性强、耐老化的材料，主要作用是支撑树冠。圈半径25～30厘米，其上每隔8厘米设1条固定扎线，2条固定扎线之间的空间为摆放2个结果枝条的位置。

④绑蔓孔。位于托枝圈上方30厘米处的立柱上的一个小孔，主要作用是供绑蔓线穿插以绑缚固定主蔓。

⑤斜拉线。主要作用是加固托枝圈，在冬季盖薄膜防寒时，斜拉线还可减轻枝条刺座卡扯薄膜，起到方便盖膜和支撑薄膜的作用。

⑥固定孔。供穿插绑线以固定喷灌管，使喷灌管保持合理的高度，以及绑缚引导主蔓向上生长。

⑦固枝绑线。每个阻隔分区配有3条绑线，分别是上架绑线、顶拱绑线和弯腰绑线，3道绑线协同固定并引导主蔓形成倒U形。上架绑线设置于十字支架的中心位置，作用是固定并引导各个主蔓各司其位于十字支架的每个阻隔分区中。顶拱绑线设置于斜拉线上距离绑蔓孔15厘米的位置，作用是引导主蔓跨越上架绑线所在的十字支架钢条后，贴着斜拉线朝托枝圈外向生长，并固定植株的主蔓顶拱。弯腰绑线设置于斜拉线与托枝圈交接的位置，作用是引导主蔓跨越托枝圈下垂生长并使其固定。

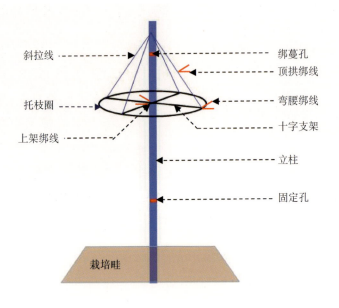

斜拉线

托枝圈

上架绑线

绑蔓孔

顶拱绑线

弯腰绑线

十字支架

立柱

固定孔

栽培畦

图5-6　改良单柱式架示意

2. 传统单柱式架存在的问题和缺陷

①托枝圈距离地面过高，造成树冠顶部高于150厘米，当顶部需要修剪时，农工站在地面操作够不着，不利于田间管理；或树冠高度小于130厘米，使枝层幕高度整体偏低，不利于果园通风透光。

②无绑蔓孔、斜拉线与托枝圈的结构配合，使各结果枝在空间的分布无章可循，开张角度、长短和质量不一。

③立柱顶端不突出树冠，冬季盖薄膜防寒时，枝条刺座容易卡扯薄膜，导致盖膜效率低且容易撕破薄膜。

④通常贴着地面铺设喷滴灌带，导致树盘湿润面窄，水肥易下渗流失，不利于须根生长和除草铺施有机肥等作业。

3. 改良单柱式架的改进效果

①托枝圈距离地面高度约120厘米，树冠枝幕层最高点高度约150厘米，最低点高度约50厘米，可使树冠枝幕层高度既有利于田间通风透光，同时枝幕层宽度高度较合理，符合南方人的身高特点，方便修剪等农事操作。

②绑蔓孔、斜拉线与托枝圈的结构配合，可使结果枝开张角度保持在45°左右，光能利用率高。

③立柱顶端突出树冠上方约30厘米，与斜拉线配合，可方便盖防寒膜时防止枝条刺座卡扯薄膜，还可用于固定主蔓，并使主蔓保持合理开张角度。

④托枝圈上每隔8厘米设固定扎线1道，2条固定扎线之间的空间为2个结果枝条摆放的位置，有利于实施标准化整枝，使结果枝摆放整齐、数量确定、长度一致，利于果品质量稳定，方便产期调节等。

⑤设置固定喷管孔，把滴灌带改成喷灌管，由贴地走的滴灌改成空中喷雾，有利于增大树盘湿润面和控制根系分布层的湿度，同时减少水肥下渗流失，符合火龙果根系浅、分布广的特点，有利于根系在树盘浅层广泛生长。

四、整枝模式

火龙果整枝是树冠培养、整形、修剪和枝条更新的结合。不同架式往往搭配不同的整枝模式，同一架式也有不同的整枝模式可供选择，只要能实现火龙果栽培的丰产、优质、高效就行。

幼年树阶段的主要任务是树形培养，快速扩大枝条数量和树冠，培养标准化丰产树形。不同树形整枝方式的枝蔓结构、每亩结果枝条数量和疏密程度、通风透光程度、管理的便利程度差别较大。果树整枝过去历来是修剪有法无定法，有形无定形。当果园变成规模化集约化经营以后，无定法和无定形的整形修剪不利于对雇佣制农工的统一培训及智慧化农业的方案制定。经过多年的探索，广西壮族自治区农业科学院园艺研究所火龙果团队研发出一套改良连排式架＋一蔓N枝标准化整枝模式，目前已广泛应用于主产区的规模化、集约化和标准化火龙果园。该整枝模式既充分考虑火龙果的植物学生长特性，也考虑集约化栽培生产管理的需求，使建园和栽培管理易于实现流程化、定量化、精准化、标准化、单点优化、精确培训、定量考核经济和人工成本，同时还使得针对各管理环节流程的技术优化、替代人工的机械设计更易于实施，是栽培基本原理和基本方法在火龙果生产实践中的具体应用，更符合现代火龙果产业的发展方向。

1. 改良连排式架＋一蔓N枝标准化整枝模式 火龙果一蔓N枝标准化整枝模式（图5-7和图5-8）与连排式架配套实施，N值一般取4、8或12，依据栽培密度不同进行选择。以大红品种（平均为枝条预留宽度5厘米）为例，若种植株距为20厘米（每米种植5株），则N值为8（即内外两侧各4个结果枝蔓）；若种植株距为10厘米（每米种植10株），则N值为4（即内外两侧各2个结果枝蔓）；若种植株距为33厘米（每米种植为3株），则N值为12（即内外两侧各6个结果枝蔓）。N值一般不取2、6或10（即内外两侧各1、3、5个结果枝蔓），主要是不利于在植株树冠定型之后方便安排每个茬次的合理枝果比、轮枝结果和更新修剪。

图5-7 改良连排式架＋一蔓N枝标准化整枝模式，主蔓统一正三角上架，将朝天棱边和连杆以下主蔓的刺座阉除

图5-8 改良连排式架＋一蔓N枝标准化整枝模式（主蔓两侧的每个节位刺座均可能抽芽发育成结果枝）

①树形。注重苗期、幼树期整形，成年定型后可稍粗放。大红品种若选择种植株距16.6厘米（6株/米），推荐采用一蔓6枝标准树形，其基本构架是在16.6厘米的单个植株位置（每个植株位置是首尾相接但互不交叉重叠的）内培养具有1个主蔓和6个二级分枝（结果蔓），主蔓和结果蔓的长度、粗度、日龄、空间分布及生长状态等有一定的控制标准（图5-9）。标准植株的培养过程分为2个阶段：主蔓培养阶段及结果枝蔓（一位枝、二位枝、三位枝）培养阶段。

②抹芽定干。春季定植后应立即进行修剪，主要剪除受伤枝、枝干比大于1/2的枝条、中心干竞争枝、着生于中心干70厘米以下的枝条，并给剪口涂抹保护剂以防止失水或感染病菌。

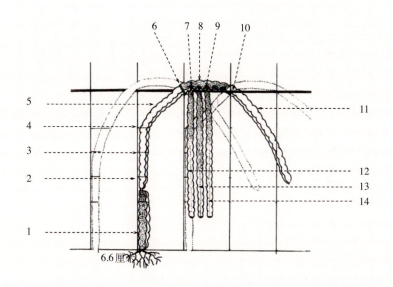

图5-9 一蔓6枝标准植株

1.种茎/苗 2.第一道绑蔓 3.第二道绑蔓 4.第三道绑蔓 5.主蔓
6.第四道绑蔓（上架绑蔓） 7.第一位刺座 8.第二位刺座 9.第三位刺座
10.第五道绑蔓（弯腰绑蔓） 11.主蔓 12.一位枝 13.二位枝 14.三位枝

③绑缚。每株果树旁插一根竹竿并且使用绑枝机进行绑缚。竹竿基部直径1.5～2.0厘米，长度约3.5米，距离苗木主干5厘米左右，入土20～30厘米，竹竿太细不能起到很好的支撑作用，太粗会影响主干上芽的萌发。先用扎丝将竹竿绑缚在钢丝上，然后用绑枝机将果树绑缚在竹竿上，绑缚时，带子应该松一些，留出一定的生长空间。

④扭（拉）枝。自根砧苗木株距仅有1米，为了控制主枝生长，长度大于60厘米或者夹角过小的枝条需拉枝至110°～120°。

2. 非标准化整枝模式 火龙果的非标准化整枝模式，因树而异，有法无定法。只要枝条不过疏也不过密，每亩有效结果枝的数量（单柱枝条数量40～80个，每亩总数量4 500～9 000个）和质量有保证，对果园的产量和品质并无大的影响。该模式在留芽修剪更新和控制开花结果的枝果比时，对于进行田间农事操作的工人素质要求较高，也不容易以统一模式进行精准培训。工人须对枝条疏密程度、花果的整体数量与总枝条数量之间的比例等要有一个基本的判断和估计。

3. 火龙果整枝相关术语

（1）**除芽**　是指于新芽的基部将芽体全部剪除。非留芽位置长出的新芽应随长随剪，以减少不必要的树体养分消耗。非留芽位置指第四绑蔓位以下和第五绑蔓位以上节位，预留芽位置是指第四绑蔓位以上和第五绑蔓位以下节位，即连杆上方主蔓背拱段枝条的节位。

（2）**阉刺**　是指用刀片将刺座割除。阉刺的作用是将非留芽位置上容易自然萌发新芽枝段的刺座提前一次性去除，杜绝日后非留芽位置反复多次的新芽抽生，可减少今后的陆续除芽工作，还可促进预留芽位置的抽芽生长。阉刺的时机有2个：①在完成第四道绑蔓后，将第三绑蔓带与第四绑蔓带之间的主蔓上各个节位的刺座全部阉刺。②在完成第六道绑蔓后，将第五绑蔓带与第六绑蔓带之间的主蔓上各个节位的刺座全部进行阉刺。一般于晴天进行，要尽量少割肉质，每割完一株后刀具要浸泡消毒液1次。

（3）**预留初代结果枝位置**　指栽培架顶部连杆上方主蔓背拱段枝条的第一位刺座至第五位刺座位置（图5-10）。当完成弯腰绑蔓之后，将朝天棱边上的刺座全部阉除，留下两侧棱边；然后将第一位刺座以下的三个棱边上的全部刺座与第五位刺座以上的三个棱边上的若干个刺座阉除；仅保留2个侧生棱边的第一位刺座至第五位刺座位置上的10个刺座，待新芽抽生培养为初代结果枝。

图5-10　更新枝母茎上的留芽位置（左），更新剪口位置（右）

（4）**预留更新枝位置**　指在结果枝蔓基部靠近主蔓位置，第一节至第三节的刺座所在的位置。每年春梢抽生期，选择预留更新枝位置抽生的朝外侧芽予以保留，培养新一代结果枝蔓取代上一代老结果枝蔓，以实现枝条新旧更替（图5-11）；同时将非预留更新枝位置抽生的侧芽及早全部进行不留桩修剪。

图5-11 一个枝位上至多留两代枝蔓，同时应避免枝空缺

（5）**打顶** 完成第六道绑蔓后，于第二道绑蔓下方约10厘米处，用刀片或剪刀将主蔓顶部生长点去除。一般于晴天进行，每割完8株后刀具要浸泡消毒液1次。至此，主蔓培养完成，进入结果蔓培养阶段。

（6）**留桩修剪** 指在新梢或枝条的基部留约2厘米基桩，略带绿色肉质，保留若干个完好刺座作为今后新梢预抽生位置的修剪方法。留桩修剪保留了该位置和基桩的抽芽能力，避免预留芽位置无芽可抽、无芽可留的现象。该修剪方法一般用于主蔓背拱枝条的预留初代结果枝位置上抽生的新芽，分批培养结果枝蔓时采用。

（7）**不留桩修剪** 指于新梢或枝条的基部进行不留基桩和刺座的剪除方法，以避免基桩上残留的刺座日后陆续萌发，增加再次修剪的工作量。该修剪方法主要用于剪除植株上所有非预留芽位置上任何时候长出的新芽。

（8）**选芽** 在新梢抽生初期，根据新梢着生的位置、方向、角度等，尽量选择符合目标树形要求的新芽进行培养。宜尽早选择，注意枝条角度。

（9）**扭枝** 又称扭梢，在新梢尚未木质化时，枝蔓长度30～60厘米时，把一些直立生长的新梢，在新梢基部，一只手控制抽生基枝，另一只手抓住新梢20～30厘米处，将新梢扭转90度，使木质部和韧皮部均受到轻微损伤，以感觉到结果蔓基部的木质部略微裂开即可，尽量避免枝条折断或重度开裂，然后松开双手，让新梢逐渐下垂。半个月以后，若下垂度不够，可再扭，直至枝蔓下垂。

(10) **拿枝** 又称曲枝，通常用于30～60天枝龄的枝条，在新梢维管束木质化后，从枝条基部开始向末端拿枝，用手将直立性新梢自基部向中上部反复拿捏轻扭使木质维管束与肉质离松，枝条变软，以不损伤木质部为度，使枝条呈倒U形，枝条中部及末端弯曲下垂。拿枝较为费工，随着果园劳动力日渐紧张，该方法逐渐被弃。

(11) **拉枝** 通常用于30～60天枝龄的枝条，在新梢维管束木质化后，用绳子等将直立性枝蔓拉下，使枝条生长方向朝下，以促进花芽分化。

(12) **标准结果枝** 指长度、粗度、年龄和营养生长状态达到特定参数标准，具备正常开花结果能力的枝蔓。不同品种的火龙果其标准结果枝的长度、粗度有一定的区别。以中等生长势品种（桂红龙1号、大红）为例，标准结果枝长度100厘米（±10厘米），枝蔓下垂，粗度为7厘米（±1厘米），不分段（即连续生长，一步生长到位），平均节间长度为5～6厘米，颜色浓绿，充实饱满，无病虫斑，枝龄6～30个月（从抽新芽开始计算）。丰产期的火龙果园，培养数量充足(10 000～12 000个/亩)、不同年生枝比例适宜的标准结果枝，是果园丰产稳产的基本保障。

(13) **结果枝** 根据枝龄的不同，可将结果枝分为以下3类：未老熟枝条（枝龄＜6个月）、老熟枝条（枝龄＞30个月）、适龄结果枝（6个月≤枝龄≤30个月），其中，适龄结果枝根据年数又可以细分为一年生、二年生、三年生结果枝。一年生结果枝又称为当年生结果枝，指当年春季抽生的枝条，这类枝条的枝龄达6个月以上时即具备开花结果的能力；二年生结果枝又称为去年生结果枝，指去年抽生的枝条，枝龄达9～21个月，这类枝条最适合开花结果；三年生结果枝又称为前年生结果枝，指前年抽生的枝条，枝龄达22～30个月，这类枝条仍可开花结果，但开花结果能力有所下降，一般每年末批次果采收结束之后应将此类枝条剪除。准老熟枝条（4个月＜枝龄＜6个月），虽然已初具成花结果能力，但由于枝蔓尚未饱满且发育不完全，维管柱直径较小，输导力不够发达，所开的花和结的果实容易出现畸形和偏小等问题。

五、幼年树阶段的管理

该阶段管理的主要目标是尽早完成标准化树形以及根系培养，为开花结果期果园丰产稳产、优质高效奠定良好基础。若非果园急需资金周转，不建议过早留花留果。根据植株发育特征或田间管理的标志性事件进行阶段时期划分，可将火龙果幼年树阶段（JP）划分为5个二级阶段（表5-1），以方便系统地进行全程栽培技术和管理方案的制定及调整。

表5-1　火龙果幼年树阶段划分及关键控制点

阶段代号	二级阶段	三级阶段	关键控制点
JP1	定植期 （2月中下旬）	—	种植、水分
JP2	缓苗期 （15～20天）	—	水分、土壤、杂草
JP3	主蔓发育期 （80～100天）	JP3-1选芽和定主蔓期	水分、追肥、杂草、整枝
		JP3-2第一道绑蔓期	水分、追肥、杂草、整枝、植保
		JP3-3第二、三道绑蔓期	水分、追肥、杂草、整枝、植保
		JP3-4第四道绑蔓期	水分、追肥、杂草、整枝、植保
	主蔓发育期 （80～100天）	JP3-5第五道绑蔓期	水分、追肥、杂草、整枝（上架）、植保
		JP3-6第六道绑蔓期	水分、追肥、杂草、整枝（上架）、植保
		JP3-7主蔓打顶期	水分、追肥、杂草、整枝、植保
JP4	第一批结果枝生长期 （30～50天）	JP4-1第一批结果枝抽生期	水分、追肥、杂草、整枝（留芽）、植保
		JP4-2第一批结果枝伸长期	水分、追肥、杂草、植保
		JP4-3第一批结果枝平伸期	水分、追肥、杂草、植保
		JP4-4第一批结果枝打顶期	水分、追肥、杂草、植保

（续）

阶段代号	二级阶段	三级阶段	关键控制点
JP5	第二批结果枝生长期（60～90天）	JP5-1第二批结果枝抽生期	水分、追肥、杂草、整枝（留芽）、植保
		JP5-2第二批结果枝伸长期	水分、追肥、杂草、植保
		JP5-3第二批结果枝平伸期	水分、追肥、杂草、植保
		JP5-4第二批结果枝打顶期	水分、追肥、杂草、植保、防寒

1. 改良连排式标准植株的培养

（1）**定植期**（JP1） 该时期参照第三章相关内容。

（2）**缓苗期**（JP2） 指从定植完成至选芽定主蔓的时期。该时期宜保持树盘耕作层湿润。定植10天后，当新根或新梢≥10厘米时，开始第一次追施稀释10倍以上的腐熟粪水或花生麸水，或0.2%～0.3%氮磷钾（20%：10%：10%）三元复合肥，或含中微量元素的高氮冲施肥，每次追肥量为2～3千克/亩，每隔7～10天追施一次。

（3）**主蔓发育期**（JP3） 指从选芽定主蔓到主蔓完成打顶的发育时期。该时期经过选芽定主蔓期和绑蔓引枝等环节，引导主蔓沿着设定的方向和位置生长，待其跨越过连杆（上架）下垂至距离地面一定的高度后，开始打顶的整个过程，以"打顶"作为该阶段结束的标志，此时主蔓呈单干（无分枝）状态，总长度为280～300厘米。可将主蔓发育期（JP3）划分为以下7个三级阶段。

①选芽和定主蔓期（JP3-1）。缓苗生根后，苗木抽生一至数个新芽。当生长势最强的新芽（70%）长度超过第一道绑蔓处约10厘米时，选留生长势最强的新芽培养为主蔓。宜在完成第一道绑蔓后选芽，选定后及早将其余新芽去除。随着主蔓不断伸长生长，需用绑带（布条等）将主蔓陆续固定于各道固蔓线上，以防止主蔓因自身重力或风吹折断。一般需经过6道绑蔓工序：上一线、上二线、上三线、上架、弯腰、尾垂。

②第一道绑蔓期（JP3-2）。当主蔓长度超过第一固蔓线约10厘米时，将选定的主蔓固定于第一固蔓线上（又称"上一线"）。

③第二、三道绑蔓期（JP3-3）。当主蔓长度超过第二、三道绑蔓处约10厘米时，依次将主蔓固定于第二、三道固蔓线上（又称"上二线"、

"上三线")。

④第四道绑蔓期（JP3-4）。当主蔓长度超过连杆约30厘米时，按一定的操作要领，将主蔓固定于连杆上（又称"上架"）。操作方法如下：用记号笔在植株纵轴与连杆交叉点往右偏20厘米的位置做一标记，作为第四道绑蔓；引导主蔓从第四道绑蔓高出连杆，使主蔓统一朝第五道绑蔓倾斜约45°，同时使三棱茎的外侧面紧贴着连杆的第四道绑蔓；用绑带打实结，松紧程度以打结后，用手轻拨，主蔓不易走动，同时不勒伤枝条为宜（图5-12）。

⑤第五道绑蔓期（JP3-5）。当主蔓长度超过连杆80厘米以上且自然下垂至接近连杆高度（又称"弯腰"）时，将主蔓固定于连杆上的第五道绑蔓处。操作方法：引导主蔓从连杆的近端（右托枝线一侧）统一跨越连杆后，将主蔓顶端往下压，使之低于连杆的第五道绑蔓，连杆上方的主蔓形成"背拱"；扭枝使主蔓三棱茎的内侧面紧贴着连杆的第五道绑，用绑带将主蔓绑实。完成的标准植株状态应当是主蔓背拱的上侧面朝天上，该侧面的两排棱边刺座大体位于同一水平面上，另一排棱边竖直朝下，这样有利于下一步的结果蔓嫩芽同时、平衡抽生。避免形成只有一排棱边朝天上，下一步只能抽生一排竖直向上的结果蔓嫩芽，这排新芽长大后，由于自身重力或风吹，容易突然倒下折断（图5-12）。

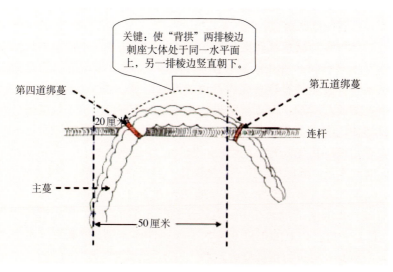

图5-12 培养标准植株的第四、五道绑蔓操作要领示意

⑥第六道绑蔓期（JP3-6）。主蔓继续生长并自然下垂，当顶端低于第二固蔓线约10厘米时，将主蔓绑缚固定于第二道绑蔓水平位置（或称"尾垂"）。

⑦主蔓打顶期（JP3-7）。完成第六道绑蔓后，于第二道绑蔓处下方约10厘米处，用刀片或剪刀将主蔓顶部生长点去除。一般于晴天进行，每割完8株后刀具要浸泡消毒液1次。至此，主蔓培养完成，开始进入结果蔓培养阶段。

（4）**第一批结果枝生长期**（JP4）　是指从主蔓上预留初代结果枝位置（主蔓背拱）抽生第一批新芽开始，经过选芽定梢，培养为第一批结果枝，直至该批枝条完成打顶的发育时期。可将该阶段划分为以下4个三级阶段时期：第一批结果枝抽生期（JP4-1）、第一批结果枝伸长期（JP4-2）、第一批结果枝平伸期（JP43-）、第一批结果枝打顶期（JP4-4）。

在预留结果枝位置长出的第一批新芽中，其长度约长至5厘米时，优先选择低节位（第一位刺座）上的正常新芽，主蔓两侧各选留1个新芽（平衡留芽），其余新芽及早进行留桩修剪。当结果枝长度接近80厘米时进行掐尖打顶。当第一批结果枝自然下垂至45°以下时，将其牵引至对应结果枝位并用固定扎线绑缚固定住。若结果枝长度＞80厘米仍未下垂，或结果枝与主蔓夹角过小，不利于形成近鱼骨形状排列时，可于气候干燥的下午，通过扭枝、拉枝、拿枝、曲枝等操作，令其逐步下垂和接近对应结果枝位。

（5）**第二批结果枝生长期**（JP5）　是指从主蔓上预留初代结果枝位置（主蔓背拱）抽生第二批新芽开始，经过选芽定梢，培养为第二批结果枝，直至该批枝条完成打顶的发育时期。可将该阶段划分为以下4个三级阶段时期：第二批结果枝抽生期（JP5-1）、第二批结果枝伸长期（JP5-2）、第二批结果枝平伸期（JP5-3）、第二批结果枝打顶期（JP5-4）。春季定植的苗木发育至此阶段，通常已经是秋末冬初，在南亚热带气候区时间不足以放留培养第三批结果枝，但在热带气候区可接着放留培养。

第二批结果枝生长期可参照第一批结果蔓培养的方法，在预留芽位置长出的第二批新芽中，当长度约长至5厘米时，优先选择中部节位（第二位刺座）上的正常新芽，主蔓两侧各选留2个新芽（平衡留芽），其余新芽及早进行留桩修剪。

2. 改良单柱式标准植株的培养　改良单柱式标准植株以一蔓10枝

为例，即1个主蔓和10个二级分枝（结果枝），主蔓和结果枝的长度、粗度、日龄、空间分布及生长状态等有一定的控制标准（图5-13）。标准植株的培养过程分为2个阶段：主蔓培养阶段及结果枝培养阶段。遵循着操作技术规程，一步一步实施即可形成。

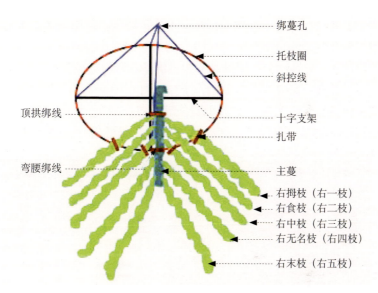

绑蔓孔
托枝圈
斜控线
顶拱绑线
十字支架
扎带
弯腰绑线
主蔓
右拇枝（右一枝）
右食枝（右二枝）
右中枝（右三枝）
右无名枝（右四枝）
右末枝（右五枝）

图5-13　改良单柱式标准植株（一蔓10枝）示意

（1）**苗木栽植**　宜于3～5月或9～10月栽植，应选择品种纯度高、根系发达、均匀一致的苗木。立柱的四面各种1株苗，每个立柱共种4株，苗距立柱中心约10厘米。种植宜浅，覆土深度以刚没过根系3～5厘米为宜，亩植444～532株。定植后淋足定根水，宜常年保持树盘耕作层土壤湿润。

（2）**选芽和定主蔓**　缓苗后，苗木抽生一至数个新芽。当生长势最强的新芽（约70%）长度约20厘米时，选留生长势最强的新芽培养为主蔓，将主蔓绑缚于立柱上。宜在完成第一道绑蔓后选定芽，然后将其余新芽去除。定主蔓后应定期喷药进行病虫害防治以保护顶芽。

（3）**主蔓培养**　是指从苗木定植后，经过选芽、定主蔓、绑蔓引枝等环节，引导主蔓沿着既定的方向和位置生长，上架后，与斜拉线、托枝圈附着固定，引导主蔓形成倒U形后，对主蔓顶芽进行打顶的整个过程。以"打顶"作为该阶段结束的标志，此时主蔓呈单干（无分枝）状态，总长度约为200厘米。以生长势中等的品种美龙1号为例，在广西南宁市于3月中旬定植带根标准苗（母茎长度30厘米），在水肥管理到位的情况下，经过100天左右（6月下旬）即可完成。

（4）**绑蔓**　随着主蔓不断生长，需及时将主蔓绑缚固定于立柱上，以防止主蔓因自身重力或风吹折断。上架前后应注意引导各个主蔓各司其位于十字支架的每个阻隔分区中，利用三道绑线协同固定并引导主蔓形成倒U形，分别称为上架绑蔓、顶拱绑蔓和弯腰绑蔓。

（5）**打顶**　完成弯腰绑蔓后，于托枝圈外10厘米处，用刀片或剪刀将主蔓顶部生长点去除。一般于晴天进行，每割完8株后刀具要浸泡消毒液1次。至此，主蔓培养完成，即转进入结果蔓培养阶段（图5-14）。

图5-14　主蔓打顶后，抽生大量侧蔓

（6）**阉刺**　对植株2个部分进行阉刺。第一部分是将主蔓上顶拱绑线以下的全部节位（即自苗木基部起至顶拱绑线部分主干上的全部节位，称之为非留芽位置）的刺座全部进行阉除，以略带绿色肉质将刺座割除为宜，第二部分是将顶拱绑线以上的全部节位（即留芽位置）上的3个棱边竖直向上的或竖直向下的一排刺座全部割除，留下2排位置高度接近的刺座。

（7）**结果枝培养**　是指自主蔓打顶和阉刺完成后，在主蔓预留芽位置上抽生的新芽中选留新芽培养为结果枝的过程。主蔓的左右两侧各选留5个位置分布均匀、健壮的新芽培养为结果枝，其余芽体抹除。面对右手侧的结果枝称之为"右某枝"，左侧的结果枝称之为"左某枝"。

自顶拱绑线起选留的第一个结果枝称为"拇枝"或"一枝",第二个结果枝被称为"食枝"或"二枝",第三个结果枝被称为"中枝"或"三枝",第四个结果枝被称为"无名枝"或"四枝",第五个结果枝被称为"末枝"或"五枝"。

当结果枝长度接近80厘米时进行掐尖打顶。拇枝自然下垂后,将其分别固定在1/4托枝圈的中点偏内处,使拇枝与主蔓形成45°夹角。末枝自然下垂,中枝固定于拇枝与末枝中间,食枝自然摆放于拇枝与中枝之间,无名枝自然摆放于中枝与末枝之间。

当10个(5对)结果枝完成打顶和绑枝的状态后,单个植株形成一蔓10枝模式,此时标准植株培养完成。当标准植株的结果枝老熟,内部生理状态和外界环境合适时,植株的幼年期结束,当结果枝的第一批花蕾形成,即开始进入成年期的开花结果阶段。一般未完成一蔓10枝前即幼年期出现的花蕾不应保留,宜及早去蕾。进入成年期的开花结果阶段之后,方才可以根据生产结果计划分批次进行轮枝计划生育。

3.一蔓N枝标准植株的优缺点

(1)**优点**　火龙果改良连排(篱壁)式架针对常见连排式架存在的主要问题和缺陷进行了改进,使栽培架结构更趋合理、性能更佳和符合火龙果的生长特点以及果园现代栽培管理的需要,具有先进性和实用性。

火龙果"标准植株"概念的导入,把树形模式固化,使每个管理环节流程实施于生长相对一致的植株,操作标准相对一致,便于统一高效完成,操作完成后植株生长更加趋于一致,使火龙果栽培可实现学会管理1个植株即懂得管理无限个植株。

按照火龙果一蔓N枝标准植株模式培养标准化树形,使每亩标准结果蔓数量相对固定(8 000~12 000条),枝条质量(长度、粗度、枝龄等)相对一致,实现"留枝不废,废枝不留"。成年阶段的果园植株树形和结果枝群体均处于较佳状态,每个标准植株的一年生结果枝占1/3,二年生结果枝占1/3,三年生结果枝占1/3,比例每年保持固定不变,且每年的树形结构固定不变,每年的采后恢复期修剪完毕之后,植株的位置保持既无枝位交叉重叠又无枝位空缺,为丰产稳产和优质高效奠定扎实可控的树冠同化面积基础。同时,还可为每个年度植株进入开花结果期后,实施三茬花果的轮枝结果和调控合理枝果比提供简单高效的标准模式。

按照以标准化整枝模式为基础的栽培管理方案和流程标准实施，通常可以培养出达到参数标准的标准植株，进入开花结果阶段后，果实的产量、品质就有了基础和保障。标准化整枝模式除了具有成本低、工效高、质量稳定可控等优点以外，还为结果期阶段的花果管理、果实品质提升以及产期调节等操作提供了空间和便利，有利于提高火龙果精品果率和栽培效益。

（2）**缺点**　火龙果标准化整枝须对模式的理解和把握精准，且须从一而终。在采用该模式时须对种植工人进行较为到位的培训及检查督促，以防技术走偏。标准化整枝模式对人力操作和修剪的依赖程度较高。

六、成年树阶段的管理

火龙果成年树阶段主要通过修剪和枝条更新，实现枝条新旧交替平衡，维持标准化丰产树形和树势，预防树体提前早衰老化为主要任务。以成年阶段的火龙果"一蔓6枝标准植株"为例，每个标准植株的一年生结果枝有2个（占1/3，内外侧各1个），二年生结果枝2个，三年生结果枝占2个，一年生枝∶二年生枝∶三年生枝为1∶1∶1，每年春梢生长期留2个新芽培养为一年生枝条，第三茬果采后恢复期进行留桩修剪，剪除2个三年生枝，翌年春梢留2个新芽，恢复"一蔓6枝标准植株"基本树形，每年保持基本树形不变。以大红品种（平均为枝条预留宽度5厘米）为例，按栽培行距300厘米，种植株距16.6厘米（每米种植6株），成年果园每亩的枝蔓总数量为：（667/3）×6×6＝8 004个。以每年每个枝蔓结1.3个平均单果重为400克的商品果计算，年亩产量即可达4 162千克。由此可见，标准植株的培养是产量的基础和保障，可将枝条培养与更新模式化和标准化，同时还有利于实施标准化的花果管理和产期调节。

（1）**相对休眠期**（V1）　定植的第二个年生长周期，保持一蔓6枝树形不变；除非结果枝发生异常，如折断、严重病虫害、腐烂等。

（2）**春梢生长期**（V2）　于定植第三年的春梢萌发期（AP5-V2-2），保留"一位枝"基部朝外斜生的正常健壮新芽，每个成熟结果枝上仅各保留1个新芽，一共保留培养4个新芽，将其余2个枝位上抽生的全部新芽及早进行不留桩修剪。第五年春梢萌发期（AP5-V2-2），保留"二位枝"基部朝外斜生的正常健壮新芽，每个成熟结果枝上仅各保留1个新芽，一共保留培养2个新芽；将其余枝位上抽生的全部新芽及早进行不留桩修剪。第六年春梢萌发期（AP6-V2-2），保留"三位枝"基部朝外斜生的正常健壮新芽，每个成熟结果枝上仅各保留1个新芽，一共保留培养2个新芽；将其余枝位上抽生的全部新芽及早进行不留桩修剪。第七年以后更新"一位枝"，之后以此类推。

（3）**第三茬果采后恢复期（F3-B15-8）**　于第三年，第三茬果采后恢复期（F3-B15-8）进行采后修剪，将一位枝（三年生）进行留桩修剪，保留1节绿色肉质，以保证有2～3个正常刺座用于下一年春季抽发新芽；保留二位枝（二年生）和三位枝（一年生）。

第四年的采后恢复（修剪）期，将二位枝（三年生）进行留桩修剪，保留一位枝（一年生）和三位枝（二年生）。第五年的采后恢复（修剪）期，将三位枝（三年生）进行留桩修剪，保留一位枝（二年生）和二位枝（一年生）。第六年的采后修剪参考第三年，之后年份的修剪依此类推。

七、老年树阶段的管理

火龙果老年树阶段以根系枝条的培养以促发数量较多健壮新枝条，延缓树体衰退老化为主要任务。因该阶段骨干根逐步衰弱并相继死亡，根系分布范围逐步缩小；梢萌发数量少，生长量小，生长势弱，结果量逐渐减少；主蔓已高度木质化；结果枝在开花结果后恢复饱满所需的时间较长。

此阶段的具体技术和管理措施包括：配合深翻改土，增施水肥，提高优质有机肥施用量，新梢生长期追施有机型高氮平衡肥，适当断根，促进新根生长；配合适时促梢放梢；注意疏花疏果，适量留花留果，适当提高枝果比，避免过量结果加剧树势衰退老化，必要时牺牲某些茬（批）次果实和适度降低平均年单产，例如某些年份不留或少留第三茬果，培养留放一批秋梢，促进树势复壮、新梢生长与根系更新，以平衡和恢复树势；多保留背拱附近的直立性生长势强的新梢，少留水平着生生长势弱的新梢。

第 6 章

花果管理与
产期调节

火龙果栽培的产值效益主要来自产量、产期和品质，产量高、大果率和优等果率高、产期适合则经济效益越高。了解掌握火龙果的成花结果特性以及产期调节技术，可提高产量、大果率、优等果率，延长优化产期，对于提高种植效益和促进产业持续健康、稳定发展具重要意义。

一、花果管理

花果管理主要指为提升果实产量、品质，调节产期而实施的各项栽培技术措施，生产中还包括果实采后商品化处理技术，本章主要介绍前者。

花果调控技术

1. 提高大批次开花结果前后的树体营养水平　火龙果从现蕾到果实成熟所经历的天数较短，其间需要消耗大量树体内贮备的营养物质，尤其是大批次开花结果更是需要花前具有较高的树体营养水平来支撑。大量开花结果前，结果枝蔓宜保持数量充足（每亩有效枝条数量 > 8 000 个），够长（90 ~ 110 厘米），够宽（8 ~ 10 厘米），够饱满，颜色浓绿或暗绿，枝龄适中（6 ~ 24 个月），氮素含量 > 1.80%，磷素含量 > 0.30%，钾素含量 > 4.50% 及较高的碳氮比水平，新梢嫩梢数量较少或已完成打顶。花蕾期前后及开花结果期，避免氮肥施用过量，宜施用高磷、高钾、含钙镁硼的有机水溶肥，并且保持水肥供应均匀。

2. 适时疏蕾定花，保持适宜的果实负载量　火龙果为容易成花作物，须注意保持营养生长与生殖生长的平衡，宜以生产产量适中、产期合理、优质精品果为栽培目标。在气温高、白昼长的夏季，往往容易过量成花，大部分枝条都成花，有时一个枝条成花数个，导致总成花率和果实负载量过大，树体的营养水平无法负载过量的花和果实，从而造成落花落果、小果率偏高以及采果后枝条严重干瘪黄化，应及早疏花疏果，适量留花留果。适宜的果实负载量，依品种、树龄、管理水平、树势、气候和茬批次等不同而不同。果实负载量适宜，可保障当年的平均单产、质量和经济效益，亦可避免影响翌年的开花结果和树势，保持多年优质丰产。

> 负载不足，产量经济效益无法保证；负载过度，过度留花留果，过度追求高产，则果实偏小、品质下降，还容易导致树体因营养消耗过大而早衰，同时还会加重根系吸收负荷及果实带离果园对土壤矿质营养元素造成的掠夺。

（1）**宜保持全年合理的果实负载量** 桂红龙1号、大红火龙果丰产期，枝果比宜为（1.0～1.3）：1，即平均每个有效结果枝每年结一个400克左右的商品果。以丰产园每年每亩有10 000个有效结果枝计算，年结果数量达10 000～13 000个，年平均亩产量达4 000～5 200千克。

（2）**宜保持每个茬次的合理枝果（蕾）比** 使每个茬次开花结果达到"满茬结果"状态，但同时不让单个茬次开花结果处于超负荷状态。单茬果的总体成花枝率宜比满茬的目标结果枝率高出5%～10%，以降低部分花授粉不良导致的产量下降风险。

①疏蕾。宜在现蕾4～5天花蕾生长稳定后至中蕾期之前进行疏蕾。不宜拖延到开花前后才进行疏蕾，因为花蕾发育和开花需要消耗大量的营养物质。

若成花枝率较高，宜采用"一蔓一花（果）"方式进行留蕾；若成花枝率较低，部分粗壮的枝蔓可采用"一蔓二花（果）"方式进行留蕾，但单茬果的总体成花枝率不宜高于满茬结果枝率的10%。宜保留枝蔓中下部外观正常、生长一致的花蕾，将畸形蕾、过小蕾、过大蕾、过密蕾、病虫蕾、朝内蕾、多余蕾等全部摘除。

②疏果。在开花后7天左右，将授粉受精不良小果、病虫果、畸形果以及开花早或开花晚的幼果摘除，以提高成熟的一致性。

3.促进授粉受精 促进授粉受精，有利于提高大果率，使果形更饱满端正。影响授粉受精的主要因素有品种的自花亲和性、自然授粉结实性能、气温、降雨、营养等。

（1）**适时整齐放蕾** 不同批次的花果，发育过程所经历的季节和气候不同，其品质和市场售价差异也很大。适时放蕾，尤其是每个茬次和每个大批次适时放蕾，对于避开不良的开花和结果气候，提高果实品质、优等果率、售价和单位面积产值具有重要意义。在大批次花开花前后，遭遇不良气候，如降雨、高温、低温及干热风等，是造成火龙果落花的主要原因。尽量避开盛花期极端天气风险高的时期，进行大批次适时整齐放蕾留果（图6-1），可提高坐果率。适时放蕾还宜兼顾考虑避开上市高峰期与出园单价较低的时期。

图6-1　火龙果园适时整齐放蕾

我国大部分火龙果主产区夏季7～8月为高温多雨季节，此期间大批次盛花遭遇高温和降雨导致授粉受精不良的风险较高，同时此时正是自然大批次花出现的时期，大批次开花结果对树体营养的消耗较大，且容易生产出低值果，加之坐果量过大往往会加重枝条的黄化热灼程度，因此一般不宜大量地留花留果。非自然成花结果期，鲜果的价格虽然比较高，但不同产区的秋、冬季和春季气温差异比较大，放蕾的难易程度及开花结果的风险程度差异也较大，宜根据本地的气温、气候风险、市场价格以及经营策略综合决定大批次花果的重点放留时间。

（2）促进授粉受精　火龙果开花期气温过高、过低以及开花时遇到降雨等容易出现授粉受精不良、坐果不好的现象。当白天气温高于35℃而晚上开花时气温又无法下降至适宜温度时，很容易出现授粉受精不良，开花后5～7天出现落花落果及小果率高。

①改善不良天气对授粉受精的影响。盛花当天须密切关注本地的天气预报与实况，若盛花当天气温较高，可于下午及傍晚开花前喷水降温，提高果园空气湿度，促进授粉受精；若盛花当天晚上降雨概率较大，可于开花当天下午进行花冠人工套防水袋或用橡皮圈捆扎花冠顶部，预防开花时雨水冲刷花粉和保花保果。宜在春茬果和秋茬果气温适宜及少雨季节时段，多放留大批次花果，减少高温多雨季节的留花量和

批次数。花蕾期结合病虫害防治喷施含硼、钼、锌等微量元素的有机功能性叶面肥，可提高花粉活力及花果对等不良气候的综合抗耐性。

②人工辅助授粉。当前许多主栽品种为免人工授粉品种，即使在自然授粉的情况下，自然坐果率也比较高，但是若进行人工辅助授粉，则大果率更高，果实更饱满周正。无论是自然坐果率较高或是较低的品种，对于经济价值较高的品种或遇到特殊时期（如气温偏低时），进行人

人工授粉

工辅助授粉有利于提高坐果率、大果率及果实饱满度。对于自花授粉亲和力较差的品种，可提前采集与其亲和性较高品种的花粉，进行干燥低温保存，开花前逐步化冻后进行人工辅助授粉。火龙果人工辅助授粉常用的方法有人工点授法和吹摇法。于开花当天晚上花冠开放时，将花粉混合均匀后尽可能多的点授到柱头上（图6-2）；若人手不足，可用小型鼓风机进行吹花摇花，促进花粉散落到柱头上。

　　花期放蜂不适合南方火龙果园，主要是因为火龙果花晚上花开放时，蜜蜂几乎不出来活动。

图6-2　火龙果人工辅助授粉

4. 提高果实商品性　提高果实商品性除了保证大果率之外，还应注意保持鳞片完好，维护果皮洁净靓丽，减少畸形果，提高风味以及延长货架期等。

（1）**花果病虫害防控**　大批次的花和果应及时进行病虫害防治。花蕾期和幼果期容易遭受蓟马、溃疡病等危害，导致果实成熟后果皮上留

下异常斑块（俗称花皮果）以及萼片尖端变色焦枯或产生缺刻，降低果实商品性。大批（茬）次花果应分别在幼蕾期至中蕾期、幼果期分别进行一次病虫害防控。

（2）**花冠离层期及时摘除黄化花冠**　火龙果开花后3～6天，宜及时摘除黄化花冠，以避免残留的花冠凋萎腐烂后的渗出物污染果皮，引发病虫害（图6-3）。摘除黄化花冠的方法是，一手抓牢固定绿色幼果防止果柄松动，另一手抓住黄化花冠将花冠扯离果实。若发现部分花冠离层形成不充分，比较难扯，可用拇指指甲在离层分界线掐出一道裂口，然后再将花冠瓣离。

图6-3　未及时摘除黄化花冠，湿度高时易发生湿腐病和滋生果蝇

（3）**及时摘除小果及异常果**　火龙果开花后7～10天，可从幼果大小及颜色分辨出小果和异常果，应及时摘除以节约养分，集中养分供应留树果实，并促使摘除后的枝条及早再次现蕾成花。若不及早摘除小果及异常果，继续留树至成熟，生产出的毛果不仅无经济价值，而且还会消耗树体营养，延迟了该结果枝条再次现蕾成花的时间。

（4）**注意不同年龄枝条平衡与更新**　应避免幼树及新梢过早留花留果，减少畸形花和畸形果。为保持植株不同年龄枝条的均衡性以及维持多年的丰产稳产性，成年期果园的一、二、三年生枝蔓的比例宜保持在1∶1∶1左右，每年春季培养占总枝条数量1/3的一年生新枝，冬季采果结束后修剪淘汰掉占总枝条数量1/3的三年生老枝。

（5）**轮枝结果与各茬次合理枝果比**　轮枝结果是指不同茬次的果实分别安排在不同枝龄的结果枝条上开花结果，且每个结果枝蔓在一个年周期中至少一次的机会轮到开花结果。轮枝结果充分地考虑了不同枝龄结果枝的成花结果特性以及季节性气候差异，使得非留花留果期该枝条又作为辅养枝，辅助其他结果枝开花结果以及根系和主蔓的营养供应。春茬果宜优先安排二年生枝条留花留果，在春末夏初二年生枝条较容易整齐现蕾；夏茬果宜优先安排三年生枝条留花留果，三年生枝蔓多为内膛枝，在夏季比较容易成花且有利于减轻高温日灼对花果带来的不利影响；秋茬果宜优先安排一年生枝条开花结果，秋季一年生枝条已经达到充分成熟状态，较容易整齐现蕾开花结果。单茬果的枝果比宜控制在2～4∶1，其中一茬果3∶1（口诀为三枝留一果）、二茬果4∶1、三茬果2∶1，具体枝果比控制可根据实际情况调整。

（6）**留足茬与茬之间的树体恢复时间**　每茬果实采收结束之后，因营养和水分的大量消耗和转移，结果枝往往出现褪绿干瘪现象，宜留足一定时间（15～25天）让枝蔓恢复饱满翠绿，再留放下一茬花果。其间，抽生的小批次花蕾应及早摘除，同时加强间歇期的水肥管理，尤其是需注意补充速效有机高氮平衡肥。

（7）**慎重使用外源生长激素**　某些外源生长激素（如萘乙酸、6-苄基腺嘌呤、赤霉素、氯吡脲、胺鲜酯、三十烷醇等）可促进反季节成花、果实着色和鳞片拉长保绿，但浓度和温度等稍微掌握不好，很容易使花果畸形。生产上大面积应用前，应根据品种、树势、气候条件，进行多年多点的小面积试验，在此基础上筛选出适宜的配比、浓度及施用时间后再大面积应用。

（8）**外观与果实品质提升**　夏季果和冬季果在幼果期或中果期病虫害防治之后进行果实套袋，有利于提升果实外观与品质，避免果实表皮着色不均匀产生阴阳果。夏季果宜选择透水透气的黑色网套、无纺布袋等，冬季果宜选择白色纸袋或牛皮纸袋，但在果实着色期天气晴好时应提

果实套袋

前摘下套袋，以促进着色。在大批（茬）次花蕾现蕾之后停止施用含速效氮的化学肥料，追施2～3次有机水溶肥，可提高果实品质。

（9）**同一批次过早或过晚现蕾的花果处理**　为确保同一批次果实采收时的成熟度较为一致，对同一批次过早或过晚现蕾的花果应进行区别对待。若是大批次或已达到满茬状态，宜及早将过早或过晚现蕾的花蕾摘除；若是小批次或未达到满茬状态，需保留过早或过晚现蕾的花蕾以确保产量，宜用套袋或标记的方法将同批次物候期过早或过晚的果实在

开花前后区分开来，标记须保留至该批次果实成熟采收时，早开花的早采收，晚开花的晚采收。

（10）**预防裂果**　避免选择易裂果的品种，花果期注意钙素营养供应及水肥均衡，避免某些茬（批）次留果（冬果）数量偏少以及成熟后留树期过久，可有效避免或减轻裂果。

二、产期调节

火龙果产期调节是指鲜果成熟收获期的调节，通常包括促成栽培、延后栽培和错峰栽培。产期调节的目的是根据市场需求生产供应果品，实现提前、延后或错峰上市，从而获取较高的市场价格或栽培效益。在南宁，火龙果的自然成熟上市期为6月上中旬至12月中旬。12月下旬至翌年5月下旬为非自然开花结果期，经常出现鲜果货缺价高的现象；某些大批次果由于国内的不同火龙果产区之间，自然结果期的果实成熟上市日期和产量高峰较为同步，导致成熟上市高峰期销售压力较大、价格较低。因此，了解火龙果成花结果的节律特点和花果管理技术，延长和优化果实成熟上市期和产果高峰，可更好满足市场需求和获取更高栽培效益。

1. 产期调节的必要性

（1）**单批次成花结果周期与规律**　大红从现蕾至开花一般需14～16天，从开花至成熟一般需28～32天；受积温较低影响，一般第一批需35天左右，倒数第二批（第十三批）需36～40天，倒数第一批（第十四批）一般需55～60天。自然第二批至自然第十二批，"恢复—现蕾—开花—成熟"发育期为"11～22天+15天+30天"。若气温较低，发育时间跨度略微延长；若气温较高，则略微缩短。

（2）**各批次成花结果枝率与出园价格匹配度**　虽然大红全年自然成花结果批次数较多，但其中大多数批次的成花结果枝率或平均亩产量并不高。丰产期的果园自然成花结果，每年大批次（>400千克/亩）通常只有2～4个，其余多是中批次、小批次。通常自然成花结果大批次的鲜果出园单价往往较低，同时一级果（60#以上或≥500克单果重）率与优等果率也较低，从而降低了种植效益。

（3）**火龙果周年结果及市场价格动态观测**　在广西南宁，红肉火龙果于自然结果状态下周年通常可结果3个茬次，即每年大致有3次鲜果采收上市高峰，分别是6月下旬至7月上旬、8月下旬至9月中下旬、10～11月。我们将6～7月成熟的若干个批次果实称为"一茬果"或俗称为"头茬果"，于8～9月间成熟的若干个批次果实称之为"二茬果"或俗称为"中茬果"，于10～11月及之后成熟的若干个批次果称之为"三茬果"或俗称为"尾茬果"。在自然结果状态下的自然产期内，"头茬果"通常有4～5个批次，"中茬果"通常有5～6个批次，"尾茬果"通常有4～5个批次。若实施光诱导产期调节技术，"头茬果"可提前现蕾并多出1～2个批次，"尾茬果"可延后现蕾并多出3～5个批次。

不同月成熟上市的火龙果等级的比例差异较大。花果发育期经历气温较高的6～8月批次，即成熟期在7月中下旬至8月下旬的批次，不仅一级果的售价为全年最低（6～7元/千克），且50#、60#及60#以上等级大果的比例也是全年最低（不足20%）；而这段时期成熟的二茬果往往是全年鲜果成熟上市峰值最高的，消耗树体的营养最多，在采收前后树势往往急剧下降，结果枝干瘪黄化。在6月上中旬成熟及10月后成熟的批次，50#、60#以上等级大果的比例较高（多高于40%，最高达88%）。对于同一批次果，从20#至60#等级鲜果，每降一个等级鲜果售价就下降1.0～2.0元/千克。由此可见，产期与大果比例也是火龙果园单位面积年产值的重要影响因素，而产期又直接影响大果等级的比例，因此火龙果产期调节对于提高栽培效益非常重要。

2. 产期调节的关键和目标

（1）**产期调节的关键**　诱导反季节（即春提早或秋延后）成花以及正造错峰成花是产期调节的关键。要优化产期和成功进行产期调节，须认识了解火龙果成花具有快速性、多批性、集中性、间歇性、互扰性和同步性的特点和规律，了解火龙果的市场需求规律、果树周年发育动态，结合种植气候区的立地条件，经营管理的目标和具体情况，制定科学、适时、可行、高效的产期调节栽培技术方案。

（2）**产期调节的目标**　主要有3个方面，一是延长鲜果成熟上市期和缩短空档期，最好是整个火龙果产业周年连续供果（可在不同的气候区果园接力上市）；二是鲜果提前、延后或错峰上市，优化产果高峰期，气候不良和价格低的时段不产果或少产果，气候良好和价格高的时段多产果、产好果；三是使某个茬次鲜果的产量更集中于某个批次，在确保年单产的前提下减少花果管理的批次数，利于省工高效。尽量使单个果园或单个片区的单茬果成熟上市高峰更加集中于第 1～2 个批次，减少零星批次，有利于降低果园的管理成本以及提高果品质量。过去单茬果的产量分散到 4～5 个批次，总产量和总产值并未增加，管理成本却较高，主要原因是花和果几代同堂的现象，不利于病虫害统防统治，还增加了喷药、采收等管理成本。

广西火龙果产期调节的具体目标是使第一茬果的成熟上市高峰期提前 20～30 天，即提前到 5 月下旬至 6 月中旬；第二茬果的成熟上市高峰期调节到 8 月下旬至 9 月中旬；第三茬果的成熟上市高峰期延后 20～60 天，即延后到 12 月中下旬至翌年 1 月下旬。

3. 产期调节策略与模式的选择

综合本研究团队多年的试验和实践经验，笔者认为推广实施以"抓两头、调中间"为基本策略，以"红肉火龙果一年三茬（熟）栽培技术"为基本模式是广西火龙果产期调节和树立产业优势的主要抓手。其他省份的产区可结合本地的气候条件，在确立不同区域优势熟期的目标定位基础上，进行相应的技术参数调整，以实现国内不同火龙果优势区域之间的产期产量错峰优化、互补共赢的格局。

（1）**产期调节策略** 火龙果周年产期调节的基本策略是"抓两头、调中间"，还可权衡考虑其他因素，综合选择小批变大批、大批变小批、大批小批变中批等策略的配合应用。"抓两头"是指头茬果抓春提早茬次、尾茬果抓秋延后茬次，尽量提高产调果的单位面积产量；"调中间"是指通过适当的干预（如采取夏季重度遮阳、去蕾等措施）使二茬果成熟时间既与自然成花的二茬果高峰错开，又大致顺应自然成花结果的节律，通常应推迟该茬果的单产高峰以保持较好的树势，又不至于对三茬果的大量成花带来较大的不利影响。具体来说，可把于 8 月成熟的二茬果高峰，适当调节延后至 9 月上中旬成熟，这样做既可错开自然结果的二茬果高峰，又可满足中秋节前的需求和提升经济效益。

通过观测，在春季应用光诱导产期调节技术的果园第一批次花的现蕾期可较自然成花提前 10～15 天，多 1～2 个批次；相应地一茬果的峰值可相应提前 15～30 天。观测结果显示，春提早栽培一果的大果比例和出园售价都显著高于自然栽培的一茬果，可提高产值 4 000～6 000 元/亩。在秋季应用光诱导产期调节技术，三茬果峰值批次的现蕾期可延后 15～55 天，多 3～4 个批次，相应地三茬果峰值可相应延后 30～90 天，最晚可于元旦至春节前上市，调查结果显示，2017 年秋延后产期调节延后批次果的大果比例和出园售价也较高，可提高产值 5 000～8 000 元/亩。据初步测算，扣除实施产期调节的直接成本以及因实施产期调节牺牲的部分二茬果产量成本，若火龙果春提早和秋延后产期调节措施应用得当、效果良好，该项技术一年可实现亩增收 4 000～8 000 元。

（2）**产期调节模式**　有多种火龙果产期调节模式供选择，如自然成花结果栽培（CMNF）模式、一年三茬结果栽培（CMTA）模式、轮枝结果模式、错峰上市栽培模式、产果期均衡结果上市模式、产区打配合接力上市模式、随市场价格年周期涨跌波动产期调节模式以及综合平衡决策产期调节模式等。为了实现果园管理的优化和获得较好的综合效益目标，须对经营管理目标、市场需求与竞争、果园实际条件、果树生长状况等进行综合考虑，再进行火龙果产期调节策略的选择和实施。

①经营管理目标。除了考虑树种本身的成花结果特性、市场价格因素以外，还需考虑设施设备（电路和变压器荷载）、场地冷库及采收处理能力、人工、配套栽培技术等。种植面积大的果园，根据经销商销售需求要保证供果的连续性，往往需分片应用不同的产期调节策略。

②市场需求与竞争。全年的每亩平均单产和平均销售价格是重点考量因素。由于产期调节除了涉及产期调节的批次果实产量和单价之外，还涉及前后批次、前后年份的果实产量以及实施技术的管理成本，因此，需要结合全年不同批次、不同上市期的鲜果批发价格，制定产期调节周年方案。

③果园区域气候条件。根据栽培区域的气候制定补光方案是火龙果反季节成花结果的关键，主要是结合当地诱导成花、开花、果实发育期间的自然光照和气温情况，制定补光方案，决定补光开始和结束日期、每日补光小时数。

④果园软硬件条件。由于变压器、电路荷载、果园采收处理及商品化处理能力等因素限制，规模火龙果园需要考虑单个补光模式制度（上半夜补光、凌晨补光暗周期中断、下半夜补光）实施的最大面积和轮换片区实施，以及与自然成花栽培面积配比等。

⑤果树生长状况。火龙果补光诱导反季节成花是否可在预定的时间

段成功地诱导出足够数量的花蕾（成花枝率＞25％），除了受光照、温度等外因影响之外，还与植株生长状态有极大关系。

4.产期调节的措施与手段

补光延长光照、持续去蕾疏花、生长调节剂点芽催花、枝条短截修剪、夏季重度遮光、加温促花等。目前，在露地栽培中，应用效果较好、效益显著的主要措施是补光延长光照与持续去蕾疏花。

5.补光诱导反季节成花产期调节关键技术

（1）**基本原理** 即生产上成功应用的火龙果补光诱导反季节成花产期调节关键技术，须同时满足以下五个条件：

①光质波长。波长为630纳米左右的红光诱导，因此须选择适宜的专用灯具。

②光照度。辐照光强须≥100勒克斯，因此灯具的功率、光束角、田间挂灯须讲究。

③温室。诱导温度宜达到昼温＞25℃、夜温＞20℃，因此开灯日期须在合适的时间节点。

④生长状态。接收诱导成花的枝条群体生长状态须调节至备孕态，即花芽分化临界期。

⑤经济可行性。须满足市场需求、可增产增收且是可持续发展的。

（2）**补光灯具的选择** 正确选择植物补光灯是诱导火龙果反季节成花成功的前提。选择植物补光灯主要考虑波长、光强、光束角与光照方向等光学特性与参数，这些参数可直接影响补光诱导火龙果反季节成花的效果；其次是功率、耐候性及产品的其他指标参数。补光灯宜选择峰值波长为610～660纳米的光源。光线投射到枝条的有效部位（结果枝的中下部即末端的2/3枝段）的光照度宜大于100勒克斯。

LED灯具是节能环保光源的首选，其波长类型丰富，波长光谱参数可与植物的功能需求光谱范围吻合，功率较小，系统发热少，田间大面积补光电路荷载小，经济耐用。

（3）**补光灯具的使用** 火龙果大田补光的挂灯位置，常见的有2种：一种是悬挂于植株正上方（图6-4），另一种是悬挂于行间（图6-5）。

春提早补光催花，火龙果植株顶部往往大量抽发新梢，若灯具的光束角太小，且将植物补光灯悬置于植株正上方，容易造成新梢遮挡光线，降低结果枝的中下段的光照度，从而影响诱导成花的效果。

悬挂于行间的灯泡高度分两种情况：一种是灯泡高度低于或平齐于植株顶部，另一是灯泡高度高于植株。同一款灯若采用不同的悬挂方式，会导致照射到枝条上的光线角度及强度不同，从而影响到补光的效果。

图6-4 补光灯悬挂于植株正上方

图6-5 补光灯悬挂于行间

①秋季补光。若灯泡采用的是高扩散灯罩植物灯泡，悬挂位置为行间高度高于植株0.5米的位置，其平行方向的光照度较强，与在斜角45°、斜角70°的光照度接近；由于枝条中上部（植株顶部）有一定强度

的余光照射，可抑制枝条徒长，避免植株养分分散，有利于诱导枝条向开花结果方向发育。若灯泡采用的是透明灯罩或导光灯罩，悬挂位置为行间高度低于植株顶部的位置，则灯泡平行方向的光照度就较弱，在其垂直方向的光照度较强，易造成大部分的光照射到行间走道上，诱导成花效果较差，还浪费光能。

②春季补光。若灯泡采用的是高扩散灯罩植物灯泡，悬挂位置为行间高度高于植株0.5米的位置，由于枝条中上部（植株顶部）有一定强度的余光照射，会抑制春芽的抽生。若采用透明灯罩或导光灯罩，悬挂在走道正中央上方与植株顶点平行线上方0.5米的位置，则其平行方向的光照度较弱，而在斜角45°、斜角70°的光照度较强，有利于枝条中下部（下端2/3）反季节成花。若采用透明灯罩或导光灯罩灯泡挂在植株正上方0.5米的位置，则植株顶部及枝条中上部的光照度较强，诱导成花结果的部位多位于枝条中上部，不利于春梢的抽生；或者春梢在植株顶部大量抽生后会严重遮光，造成枝条中下部（下端2/3）光照度较弱，从而影响成花诱导效果。

（4）**掌握温度与补光时间节点**　光照和温度条件随着季节的变化而变化，我国不同气候区之间在冬春季节的光照和温度差异很大，因此进行反季节催化的补光时间节点是不同的。在广西南宁主产区，补光诱导反季节成花过程中，最低气温≤15℃的冷空气袭扰，通常会对诱导成花的效果产生不利影响，且气温越低持续的时间越长不利影响越大，有时甚至会出现催花失败。

温 馨 提 示

　　不同的栽培气候区应根据本地区的气温、光照时长等，选择适宜的补光时间节点进行亮灯，切不可直接套用其他不同纬度和气候区的经验和具体参数。

　　值得注意的是我国火龙果产区经度和纬度跨度大，各地补光期间的日出、日落时间差异较大，应通过网上查询到当地补光期间的准确日出日落时间，再决定开灯关灯时间。

　　火龙果为长日照成花作物。当白昼时长小于12小时、气温较低，且持续一定天数时，红肉火龙果即停止自然现蕾；而在气温较高、白昼时长小于12小时的条件下，利用补光灯于夜间对植株进行补光诱导一定天数后，可在非自然现蕾期诱导反季节现蕾开花结果，提早或延后产期。面积大的果园，可分A、B片区实行轮流补光，单个片区每天亮灯补光4～6小时。A片区为上半夜补光，开灯时间为太阳下山前后至23：00前后；B片区开灯时间为晚上0：00前后至天亮。

（5）**调节植株生长状态**　若实施补光诱导刺激时，大部分植株的结果枝是处于成花诱导敏感状态，则比较容易成功。若植株的大部分结果枝正处于开花结果状态或高度的营养生长状态，则要通过实施补光刺激来达到诱导反季节大批次现蕾成花的难度较大。不同品种火龙果所需的条件不同，红肉品种只需要较短的光周期及较低的温度即可促使花芽分化，而白肉品种则需要较高的温度或较长的光周期。红肉品种中，桂红龙1号较大红需要较高的温度或较长的光周期。燕窝果对补光的响应与量天尺属品种的差异甚大。

三、补光诱导一年三茬栽培技术

不管是否进行补光诱导成花，红肉火龙果都可进行一年三茬栽培。区别在于，在南宁产区进行补光一年三茬栽培的第一茬果产量高峰可提前到5月上旬现蕾批次前后，第三茬果产量高峰可延后到10月上旬现蕾批次或10月中旬现蕾批次，而不进行补光的第一茬果产量高峰一般在5月下旬现蕾批次或6月上旬现蕾批次，第三茬果产量高峰一般在9月中旬现蕾批次出现，且不补光的第二茬果由于前后两茬果间隔的树势恢复时间较短，成花枝率与产量通常较低。以下按结果树周年栽培管理的时序，重点介绍丰产期果园的补光诱导一年三茬栽培技术。

基于广西南宁主产区气候条件的红肉火龙果一年三茬栽培可分为5个阶段进行管理，分别是休眠期（1～2月）、新梢生长期（3～4月）、第一茬果（4～6月）、第二茬果（7月中旬至9月中旬）、第三茬果（9中旬至12月）。气候条件差异较大的产区，一年三茬栽培产期调节模式宜根据本地的气候特点，在具体的时间节点和调节的模式上进行适当调整。

1. 休眠期（1～2月）

（1）**管理目标**　1月上旬前宜采收完上一年度的末茬果。1～2月树冠枝条老熟，逐渐恢复饱满，其间无冬梢或很少有冬梢萌发抽生，增强树体抗寒性，让树体顺利越冬。

（2）**采后修剪与清园**　采果结束后及早进行采后修剪，将三年生以上枝条、老弱病残枝、过密枝、异常枝等剪除。修剪结束后清园，并全园喷施一次0.5～1.0波美度的石硫合剂。

（3）**抹早芽**　2月中旬前后，将全部冬芽及早春芽剪掉抹除。

2.**新梢生长期（3～4月）**　包括相对休眠期、春梢抽生期、春梢伸长期、春梢平伸期、春梢打顶期。

（1）**管理目标**　促进春梢于3月上旬足量统一集中抽生，使新芽连续生长、健康、粗壮，于4月下旬前后打顶。

（2）**水肥管理**　于2月中旬至4月中旬，用水溶性肥料进行追肥攻梢，氮（N）：磷（P_2O_5）：钾（K_2O）比例为3：1：2，每次追肥量氮（N）1.0～2.0千克/亩，磷（P_2O_5）0.3～0.35千克/亩，钾（K_2O）0.6～0.7千克/亩，平均每7天追肥一次。

（3）**病虫害防控**　根据果园病虫害测报和特点，分别于新梢平均长度为10±5厘米、30±5厘米、60±5厘米时，喷施广谱杀虫剂与杀菌剂混合液保护新梢。

（4）**选芽定梢**　于3月中旬前后，当春梢长度达10±5厘米时，于当年预留芽枝位上进行新梢选留，宜保留结果枝基部靠近主蔓位置、斜向外离心（主蔓）生长、疏密均匀的新梢，数量3 000个/亩，其余新芽进行不留桩修剪。

（5）**拉年龄分隔线**　于4月上中旬，当年生新梢的平均长度达到60±5厘米或接近平伸状态时，在成熟枝的外侧中部，拉一条年龄分隔线，分隔线宜用耐老化材料，如大棚托膜线等。

（6）**结果蔓打顶**　于4月下旬前后，当年生新梢的平均长度大于90厘米或梢尖下垂至接近畦面20±5厘米时，用锋利刀具于距离新梢基部90～100厘米处打顶，未达长度的新梢延缓打顶。

3.**第一茬果（4～6月）**　包括第一批结果枝抽生期、第一批结果枝伸长期、第一批结果枝平伸期、第一批结果枝打顶期共。

（1）**管理目标**　促第一茬果若干批次花蕾适时足量集中抽出，5月中下旬前后开花，6月上旬至7月上旬果实成熟。

（2）**促第一茬果提早集中现蕾**　具备补光条件的果园，于3月中旬（春分）前后至4月下旬，昼温稳定在20℃以上时，采用峰值波长为610～660纳米的火龙果专用补光催花灯进行人工补光，使投射于结果枝中下部位置外侧的光照度大于200勒克斯。补光期间的昼温宜稳定在20℃以上，新梢数量宜大于3 000个/亩、平均长度宜大于10厘米，于每晚18:30 ～ 23:00亮灯补光，促进第一茬果于4月中下旬至5月上中旬大量集中现蕾，结果诱导提早成花现蕾，直至总体成花枝率≥40%，花蕾长达3 ～ 6厘米时结束补光。不具备补光条件的果园，第一茬宜保留于6月上旬之前抽生的若干个批次花蕾，使第一茬的若干个批次累计总体成花枝率≥50%。

（3）**花蕾选留控制** 花蕾纵径4 ～ 6厘米时进行花蕾选留及枝果比控制，使第一茬总体成花结果枝率控制在40% ～ 45%，一枝一蕾（果），其余疏除。优先保留二年生枝条上长出的花蕾，数量不足可于三生枝条上适当补留。

（4）**花果管理（病虫害防控、采收）** 一果两药，分别于花蕾纵径4 ～ 6厘米时及盛花后7 ～ 15天，根据果园病虫害测报和特点各进行一次病虫害防控。若盛花当天晚上降雨概率较大，应在16：00后套防水纸袋（杯），保花促授粉。谢花后4 ～ 5天，去除凋残花冠，宜进行果实套袋。

（5）**水肥管理** 5 ～ 7月，保持树盘土壤田间持水量60% ～ 80%。分别于现蕾前、花蕾期、开花期、幼果期、中果期和转色期用水溶性多元复合肥料进行追肥，氮（N）、磷（P_2O_5）、钾（K_2O）比例为2：1：3，每次追肥量氮（N）0.8千克/亩、磷（P_2O_5）0.4千克/亩、钾（K_2O）0.12千克/亩。

（6）**抹芽** 及早抹除5月1日之后抽发的全部晚春芽、夏芽及结果蔓上的营养芽。

（7）**摘除第一茬花蕾之后的零星花蕾** 第一茬果留足花蕾之后抽现的各批次零星花蕾须全部摘除，于花蕾纵径4 ～ 6厘米时进行摘除。直至第一茬果成熟采收结束后和第二茬果的花蕾大量集中抽出或第二茬放留日期到达之前。

（8）**第一茬果采收** 果皮颜色充分转红后及时采果，宜于7月中旬前将果实采收完毕。

4. 第二茬果（7月中旬至9月中旬）

（1）**管理目标** 促第二茬果若干批次花蕾适时足量集中抽出，8月上中旬开花，9月上中旬果实成熟。

（2）**第二茬促花** 于7月中下旬至8月上旬统一放留第二茬花蕾，

当花蕾纵径达4～6厘米时进行花蕾选留及枝果比控制，使二年生及三年生成熟标准结果枝的总体成花结果枝率约达33%，一枝一蕾（果），其余疏除。优先保留于三生枝结果枝上长出的花蕾，数量不足可于二年生枝条适当补留，一年生枝条抽生的花蕾全部摘除不予保留。

（3）**花果管理**　参照第一茬果管理，使第二茬果总体成花结果枝率控制在25%～33%。

（4）**水肥药管理**　8月至9月中旬，参照第一茬果管理。

（5）**抹芽**　及早抹除期间抽发的零星夏芽及结果蔓上的营养芽，进行。

（6）**摘除第二茬蕾之后的零星花蕾**　第二茬果留足花蕾之后，将8月中旬至9月中旬期间抽生的各批次零星花蕾全部摘除，于花蕾纵径4～6厘米时进行摘除，直至第三茬放留日期到达之前。

（7）**第二茬果采收**　果皮颜色充分转红后及时采果，宜于9月中旬之前将果实采收完毕。

5. 第三茬果（9月下旬至12月）

（1）**管理目标**　促进第三茬果于10上中旬足量集中抽生花蕾，10月中下旬之前开花，12月下旬至翌年1月中旬果实成熟。

（2）**适时放留第三茬花蕾**　具备补光条件的果园，于9月中旬（秋分前后）至10月下旬进行人工补光，补光方法参照第一茬果，于18：30～23：00亮灯补光，促第三茬果的末批次花蕾于9月下旬至10月中下旬前后大批次集中现蕾，直至所有成熟（一年生枝＋二年生枝＋三年生枝）标准结果枝的总体成花结果枝率大于35%且花蕾纵径达到4～6厘米大小时，或10月30日前后结束补光。不具备补光条件的果园，于9月下旬至10月上旬之间放留第三茬花蕾，第三茬果的若干个批次累计总体成花枝率宜≥50%。

（3）**花果管理**　第三茬果花蕾优先保留一年生枝条的花蕾，数量不足可于三年生枝条适当补留，若总数量仍不足，二年生枝条补留。使第三茬总体成花结果枝率控制在40%～50%（3 200～5 000个/亩），一枝一蕾（果），多余疏除；若总体成花率偏低，部分枝条可留2～3个蕾。将11月后抽生的花蕾全部摘除。其余参照第一茬果管理。宜进行果实套袋促进着色。

（4）**水肥管理**　于9月下旬至12月，保持树盘土壤田间持水量

60%～80%。分别于现蕾前、花蕾期、开花期、幼果期、中果期和转色期用水溶性多元复合肥料进行追肥，氮（N）、磷（P_2O_5）、钾（K_2O）比例为2：1：3，每次追肥量氮（N）1.0千克/亩，磷（P_2O_5）0.5千克/亩，钾（K_2O）0.15千克/亩。

（5）**寒冻害防控** 12月下旬至1月下旬为广西低温冷害发生频率较高时段，应密切关注天气预告，若最低气温可能≤5℃时，应及早采取覆盖、烟熏、灌水、喷水等措施避免或减轻冷害。寒潮过后，应及时剪除受害枝条，加强水肥管理及枝条保护。

（6）**第三茬果采收** 果皮颜色充分转红后及时采果，宜于翌年1月中旬前将果实采收完毕。

四、不同火龙果主产区一年三茬错峰接力结果栽培技术

火龙果自然成花结果的成熟上市期偏短，上市期6～11月，共计6个月时间，12月至翌年5月为自然少果或空档期。由于国内广西、广东、海南、贵州火龙果主产区的成熟上市高峰期集中同步，以及产果高峰与市场需求和销售价格之间的错配，导致经常出现上市量大，但价低，而且空档期我国又需大量从国外（主要是越南）进口。为此，结合国内不同火龙果主产区的秋冬季光温条件（表6-1），实施不同火龙果主产区一年三茬错峰接力结果栽培技术（表6-2），实现周年和错峰成熟上市，可以提高种植效益和提升产业竞争力。

表6-1 不同火龙果主产区的月平均高温和低温情况

产区	项目	1月	2月	3月	4月	5月	6月	7月	8月	9月	10月	11月	12月
南宁市	平均高温	15℃	19℃	21℃	28℃	29℃	32℃	33℃	33℃	33℃	29℃	25℃	21℃
	平均低温	10℃	12℃	14℃	20℃	22℃	25℃	25℃	25℃	24℃	21℃	15℃	12℃
湛江市	平均高温	20℃	20℃	23℃	27℃	30℃	32℃	32℃	32℃	31℃	29℃	26℃	22℃
	平均低温	14℃	15℃	18℃	22℃	25℃	27℃	26℃	26℃	25℃	22℃	19℃	15℃
东方市	平均高温	24℃	25℃	27℃	30℃	31℃	32℃	32℃	31℃	30℃	29℃	28℃	25℃
	平均低温	18℃	21℃	23℃	25℃	27℃	28℃	28℃	27℃	25℃	23℃	21℃	18℃

表6-2 不同火龙果主产区一年三茬错峰接力结果栽培技术

项目 生产情况	1月 (上/中/下)	2月 (上/中/下)	3月 (上/中/下)	4月 (上/中/下)	5月 (上/中/下)	6月 (上/中/下)	7月 (上/中/下)	8月 (上/中/下)	9月 (上/中/下)	10月 (上/中/下)	11月 (上/中/下)	12月 (上/中/下)
广西	休眠期	自然结果少或无果空档期	新梢生长期	一茬蕾 / 一茬花 / 一茬幼	一茬幼 / 一茬中 / 一茬熟	一茬熟 / 一茬熟 / 恢复期	恢复期	各主产区相对同步集中成熟，分13~15个中小批次，多代同堂、茬次无法区分	恢复期			休眠期
广东	三茬熟 / 三茬大 / 三茬熟	三茬熟 / 三茬熟 / 新梢生长期	新梢生长期	一茬蕾 / 一茬花 / 一茬幼	一茬幼 / 一茬中 / 一茬熟	一茬熟 / 一茬熟 / 恢复期	恢复期	二茬蕾 / 二茬花 / 二茬幼	二茬中 / 二茬熟 / 恢复期	恢复期		
海南	三茬中 / 三茬熟 / 三茬熟	三茬熟 / 三茬熟 / 恢复期	恢复期 / 一茬蕾	一茬花 / 一茬幼 / 一茬中	一茬中 / 一茬熟 / 一茬熟	一茬熟 / 二茬蕾	二茬花 / 二茬蕾	二茬花 / 二茬幼 / 二茬中	二茬中 / 二茬熟 / 新梢生长期	新梢生长期	三茬蕾 / 三茬蕾 / 三茬花	三茬幼 / 三茬中 / 三茬中

注：一茬蕾表示一茬花蕾期，一茬花表示一茬开花期，一茬幼表示一茬幼果期，一茬中表示一茬中果期，一茬熟表示一茬成熟期，以此类推。

（1）**单个产区或果园基地不适宜周年成熟上市**　每个主产区有各自的气候和条件优势。各产区宜发挥各自优势，重点生产最具竞争力和价值优势时段的鲜果，在本区的优势时段宜尽量大面积满茬结果，尽量避免与其他主产区上市高峰重叠。单个产区或火龙果园基地是不适宜采用周年成熟上市的策略，因为在经济上不可行，在管理销售和成本控制上不可取。

（2）**广西产区产期调节的时间节点**　目前，广西火龙果种植面积达35万亩，是国内最大的火龙果产区，种植的规模化标准化程度总体较高。在自然成花结果的成熟上市期，该产区的总产量最大，对国内火龙果鲜果的批发定价有着举足轻重的影响。广西产区由于12月至翌年3月低温寡照，此间做补光诱导反季节成花生产秋延后果和冬果容易遭遇成花不稳定、授粉受精不良、果实转色不良和裂果等问题；春季3月容易受倒春寒天气影响，对春提早果的诱导成花不利。因此，反季节果生产的第三茬果的成熟上市时间宜安排在12月中旬至翌年1月中旬前后，第一茬果宜在6月。

（3）**广东产区产期调节的时间节点**　12月至翌年1月广东产区的气温较高，对果实发育和转色的不利影响很小，第三茬冬果应争取比广西产区晚20~30天。2~3月气温回暖较早，收完上年第三茬果，不需经历低温休眠即可立即催芽攻梢；到4月即可催放第一茬春提早果的花蕾，应争取比广西主产区早现蕾20~30天。湛江产区冬季温度较广西温暖但比海南冷，反季节果生产的第三茬果的成熟上市时间宜安排在1月，第一茬果宜在5月。

（4）**海南产区产期调节的时间节点**　每年的新梢攻放时间可提前至9~10月，有效避开其他产区的产果高峰期，并且此间抽生的枝梢病虫害少、质量优。冬果放蕾的时间可延后至11~12月。生产完冬果，略留时间以恢复树势，之后立即催放春提早果的花蕾，争取比广东和广西主产区早现蕾。待到6~8月高温干旱季节，保持树势以降低高温日灼危害，适量留果为辅。海南产区冬春季温度高，生产2~5月成熟上市的冬春果最具优势。

第 7 章

采收与采后商品化处理

　　火龙果属于非呼吸跃变型水果，采后贮藏期间无明显的后熟衰老转折期；果实皮薄肉厚，磕碰容易受伤，采后病害一旦发生，发展蔓延迅速；果皮角质层薄，采后容易失水导致鳞片萎蔫；常温下不耐贮运，但耐低温（5～6℃）保存。

　　夏季果常温贮藏3天即出现鳞片黄化萎蔫，7天后即开始出现果皮皱缩、变色腐烂现象。通过科学采收、采后处理和冷藏等质量保证体系控制采后病害和预防果实失水，可提升果实商品性和延长保鲜期至30天左右。

　　果实采收与商品化处理属于火龙果产业链条中的生产后端环节（C环节），该环节承接着生产前端（A环节）、生产中端（B环节），并连接着后端的供应链（D环节）、零售端（E环节）、消费端（F环节），属于一个关键重要环节。火龙果采收与采后商品化处理工艺流程包括采收—预冷—清洗—消毒—风干—挑选—分级—包装—冷藏—冷链（表7-1，图7-1和7-2）。

表7-1　火龙果采收与采后商品化处理流程

序号	环节	关键影响因子或关键控制点	参数	处理地点
1	采收	成熟度、时机、方法，减少全流程的机械损伤	八至九成熟采收	田间
2	预冷	差压预冷缩短从采摘至果心降至8～10℃的时间	控制在4～6小时内	预冷库
3	清洗	采后及早清洗	—	上料区
4	消毒	保鲜药液浸泡，安全高效消毒	获登记注册保鲜药物	泡药池
5	风干	待果柄剪口干燥后再放入预冷库	预防剪口感染发红	风干区
6	挑选	按外观分级为一级果、二级果和毛果	按外观分级标准	分拣区
7	分级	对一级果进行重量分级	每增加100克或200克划分为一个级别	分级区
8	包装	缩小包装与贮藏温差，减少结露	保湿材料、单果包装	包装区
9	冷藏	高湿相对湿度＞90%，减少果实失水量	5～6℃，恒温	基地冷库
10	冷链	缩小温度波动，相对湿度稳定	降低转运的温度波动	冷柜车

　　注：其中3～7环节多在采后商品化处理流水生产线上进行。

图7-1　火龙果采后商品化处理工艺流程（广西金穗农业集团有限公司）

图7-2　火龙果采后商品化处理工艺流程（广西佳年农业有限公司）

经过近几年的发展，火龙果的采后商品化环节的标准化、机械化和自动化全流水线生产水平已有较大的提升，但国内水果行业由于缺乏统一的采购标准、产品采后处理管理和品质分级制度，最终产品流入市场的质量规格参差不齐，导致终端水果品牌打造能力偏弱。

一、采收

1. 采收时机　火龙果宜在果实正常成熟、表现出本品种固有的品质特征（色泽、香味、风味和口感）时采收，宜于晴天上午果实表面的露水干后采收，尽量避开中午气温高和雨水未干时采收。也要根据实际情况或根据客户需求分批或分区安排采收。

（1）**就近鲜销果**　宜在果实约九成熟时进行采收，此时果皮已充分转红并有光泽，果顶处出现皱缩或轻微裂口，此时果实的外观和风味已达到或接近该品种固有的最佳状态。大红品种的夏秋季果，果实发育期和成熟转色期间气温较高，通常是在开花后的 26～28 天，果皮开始转红后 3～4 天，果皮充分转红时进行采收；广西主产区 12 月以后成熟的批次，果实发育期间气温明显下降，需 40～60 天才能成熟转色，达到采收标准，冬季果适当延迟采收可使果实增大、甜度提高。过迟采收容易出现裂果，影响耐贮性，还影响下一个批次现蕾。

（2）**远距离鲜销果以及规模果园基地**　宜提前至果实七八成熟时采收，即果皮开始转红后 2～3 天，果皮转红较充分仍略带绿色时进行采收。果皮尚未完全转红时进行采收，可延长果品的耐贮性，但品质和风味有所下降；过早采收的果实的果肉生青草腥味较浓。果实从树体上剪下来之后，放置在室温下，果皮仍可继续转红，但甜度和风味并不增加。

采收的成熟度对于贮藏期限和保鲜效果有很大的影响。火龙果的成熟天数（果实发育期）因季节、地域、气候、品种的不同而异。在果实尚未完全成熟时采摘的火龙果，经 10～20℃ 的环境下贮存后，其含糖和含酸量、口感均不及新鲜采摘的火龙果，但前者在贮存期内的物理变化极小，贮存期限可因此而延长。应针对当地市场和外地市场，选择适合的成熟期采摘火龙果。

2.采收方法

（1）**采收工具** 宜使用尖嘴果剪进行剪果。

（2）**采收要点** "一果两剪"或"一果一剪一掰"，于果蒂的1厘米处将果柄剪断，再从下方将一侧肉质剪断，最后顺手一掰，略带果梗及肉质将果实从植株上采下；若果梗较尖较长容易刺伤其他果实，此时剪口呈V形时须将剪口剪平整（图7-3）。果实要轻拿轻放，禁止丢抛，尽量避免果皮鳞片碰伤压断。果实要摆放整齐，不得高于果筐，以避免果筐堆垛时将果实压伤。

图7-3 采 收

（3）**装框与码放** 装框前，框内须垫铺无纺布袋或专用纸板；每框重量≤20千克；最上层果实高度须低于框口2.0厘米。果框的堆垛码放应≤6层。

（4）**时间控制** 果实从采收运输至采后处理车间应≤2h，从采收至预冷库应≤8h。

二、清洗消毒

果实经过清洗、消毒后再进行冷藏可显著降低出货后的腐烂率；未经清洗直接冷藏的果实，出货后的货架寿命只有3～4天。

在采后发生的贮藏病害主要由砖红镰刀菌、尖孢镰刀菌、桃吉尔霉、卷枝毛霉、草酸青霉、平脐蠕孢、黑曲霉和黄曲霉等引起，其主要来源是在田间果实发育期间病原入侵并潜伏于果实表面或缝隙中，采后伺机入侵发展。

三、分级挑选

目前火龙果鲜果的分级挑选多限于根据重量和外观分级。宜建立以口感为导向的火龙果品质分级体系，按"四度一味一安全"即糖酸度、新鲜度、爽脆度、细嫩度、风味、安全性进行质量分级（表7-2）。

表7-2　火龙果"四度一味一安全"质量分级

分项	步骤	正面的判定标准	负面的判定标准
糖酸度	甜度	浓郁均匀	淡寡不均
新鲜度	鳞片	鲜绿挺括	黄褐蔫皱
	皮色	艳红靓丽	暗淡异色
	皮态	饱满圆润Q弹	蔫皱、疤痕硬壳
细嫩度	舌感	细嫩多汁化渣	粗糙干粉
爽脆度	嚼劲	硬脆爽口	绵软烂败
安全	安全	符合GB2762—2017要求	食品中污染物限量
外观	外形	果型一致，周正	果型不一致，偏歪
风味	香味	芬芳愉悦	异味腥怪

1.重量分级　桂红龙、大红品种的商品果按单果重每增加100或200克划分为一个级别（表7-3）。重量分级多采用重量分选机械（图7-4）。

表7-3　火龙果重量分级

序号	等级名称	单果重范围
1	60#果	600克≤单果重
2	50#果	500克≤单果重＜600克
3	40#果	400克≤单果重＜500克
4	30#果	300克≤单果重＜400克
5	20#果	200克≤单果重＜300克
6	毛果	单果重＜200克

图7-4　火龙果重量分选机械

2. 质量分级与挑选

（1）**外观分级**　果实外观质量目前主要是靠人工分级（表7-4）。要求果实外皮光滑着色均匀、鳞片完整、无病虫斑块和机械损伤、剪口无发红腐烂。果实出现果蒂变红或腐烂、果体腐烂、黄白褐黑斑、裂果、果皮机械损伤、挤压瘀痕、青头、果蒂过长、鳞片焦枯、鳞片折断严重、表皮缺陷、重度阴阳果、畸形果等均需人工挑出。

表7-4　火龙果果实质量外观分级

指标	"招牌级"果品的标准	一级果参数允许范围	备注
安全	符合GB 2762—2017食品中污染物限量		—
果重	横切面直径≥400毫米	40#、50#、60#重量级	—
果形	符合品种正常特征，完整周正	果型指数0.9～1.4	—
鳞片	完好无折断凋萎，有瑕疵1～2片	允许颜色不青绿、发皱，断鳞≤2枚	—
裂果	腹裂、顶裂均允许	腹裂、顶裂不允许	—
损伤	刺伤和机械损伤无	损伤轻微或受伤面积≤05厘米²有1处	重点
果梗	剪口不发红、无腐烂发霉	1.0厘米≤果柄长度≤1.5厘米	重点
着色	着色均匀，果面着色面积≥90%	着色不良或异常面积≤10%	—
日灼	日灼斑或损伤不允许	允许轻微日灼斑，青绿面积≤20%	—
斑块	斑块长度或直径≤1厘米，面积≤5%	轻微而分离的平滑网状不明显锈痕	重点
污染	无霉斑、水垢、污染、药害斑等污染	不明显薄层斑块面积≤0.5厘米²	—

（续）

指标	"招牌级"果品的标准	一级果参数允许范围	备注
病虫	无虫孔，轻微伤病斑≤1处	果顶脐部无霉变、无腐烂	重点
瑕疵	不允许冻伤斑	无令人不悦的瑕疵	—
总体质量控制	检查的重点在出库装车时，鲜果成品的抽检不合格率≤3.0%		

（2）果实风味分级

①糖度分级。可溶性固形物通常用测糖仪直接测定。

②成熟度分级（图7-5）。

图7-5　火龙果成熟度分级

四、预冷风干

采后预冷是延长保鲜贮运期最为关键的步骤。远距离或需要贮藏时间较长的果实，宜在采摘后4小时之内将果放置到预冷库内进行预冷，库内温度5～8℃，须迅速将果心温度降至10℃以内。采后处理宜在16℃左右的恒温车间进行。夏季高温多雨天气采果，若又未能尽快清洗消毒与预冷，果实贮藏病害很容易发生，极大影响货架期。

就近鲜销果，将果实按大小或重量分级后就地进行包装装箱，果实表面被污染的果实应人工挑出，待清洁表面后再包装装箱。长途长时间运输的果实，可用苯菌灵和氯氧化铜这两种杀菌剂混合处理，将果实风干后再包装装箱，然后将装好箱的果实放置于5℃，相对湿度90%的环境中保存和运输。

五、包装

内包装宜采用泡沫网套，也可再加塑料保鲜袋进行单果套袋；外包装可用塑料箱、泡沫箱、纸箱等。须按产品的大小规格设计，同一规格应大小一致，整洁、干燥、牢固、透气、美观，纸箱无受潮、离层现象。果箱上贴商标、等级、净重、果实个数等标志。各种包装见图7-6。

图7-6　各种包装

六、冷藏与冷链物流

低温贮藏对延长果实保鲜期的作用最大。常温28～30℃、相对湿度85%～90%条件下保存的火龙果，贮藏寿命＜5天；在恒温库的贮藏温度应恒定保持5～6℃，相对湿度约90%，保鲜处理得当的果实在恒温库内贮藏30天好果率可达95%左右。当温度≤4℃时易引起冷害，导致果实表皮出现白色或淡黄色不规则的凹陷状冷害斑，严重时果肉软化呈透明水渍状。鲜果入库保存之前，应提前3天左右对冷库进行清洁和消毒杀菌，并进行温度调试。因运输车的冷藏集装箱制冷量较小、风压偏低、降温效果不佳，加之有纸箱包装的隔离使得冷气较难透入纸箱内部，在装箱成品搬进冷库和集装箱冷柜运输之前应进行预冷，以除去包装过程中因升温积存在果实内的富余热量，使得果品在贮藏和冷链流通过程中可维持恒定的适宜低温，以延长贮藏时间。果品在转出冷库，进入集装箱冷柜运输之前应由第三方按箱数的3%～5%进行开箱抽检，每200箱填写一张质检单。

七、销售货架

果品在销售地从冷链转至店铺，宜摆放到在可保持低温的销售货架上（图7-7），以继续保持良好的外观和品质。

图7-7　火龙果销售货架

第 8 章

自然灾害的防控

气象灾害是自然灾害的一种，由于大气条件异常对人类生命财产、经济建设和社会安全等方面造成直接或间接损害。农业灾害天气是指由气象变化异常引起的，对农业生产产生不利影响的天气现象，基本类型主要包括旱灾、洪涝、冻害、风灾和雹灾等。这些灾害天气对农业生产造成的危害多种多样，直接影响了作物产量、农业经济以及农业生产的可持续发展，具体危害情况因灾害类型不同有所差异。

一、低温危害

1.概述　火龙果低温危害主要有冷害、寒害、霜冻害，因发生时的天气条件、生长状况而有 ±1 ～ 2℃的变动。

冬季低温还容易导致冬果的背阴面果皮着色不良呈现绿色，阳面果皮着色正常呈现红色，即"阴阳果"。解决办法是于幼果期进行套袋，开始着色期去掉袋子，让果实充分接受阳光照射，促进果皮着色。

(1) 冷害　指在最低气温 > 10℃时，因温度降到火龙果所能忍受的底限以下而受害，造成嫩枝蔓出现冷害斑（图8-1），主要是导致火龙果不能正常开花结实而减产受害。冷害发生在全国大部分地区，南方多发生在晚秋、早春季节，此时多为秋冬茬果的花蕾期、开花期、果实发育期。当气温 ≤ 15℃时，开花即受到影响，花蕾萼片和花被产生冷害斑块，花冠不能正常开放，花粉无法正常散落，授粉受精不良和落花落果。

图8-1　新梢冷害症状

（2）**寒害** 指最低气温为0～10℃时，因气温降低引起火龙果生理上的障碍。最低气温较高时通常导致轻度寒害，主要症状表现是新梢、花蕾、果实等幼嫩组织出现铁锈状凹陷点或片状斑块，气温回升后斑块处易受微生物入侵而迅速腐烂；最低气温为4℃左右且持续时间较长时常导致中度或重度寒害，主要症状表现是老熟枝梢出现腐烂黄化，甚至植株死亡。寒害常发生在春秋冬季，此时多为火龙果相对休眠期、春梢秋冬梢生长期。有时候气温骤降幅度较大，即使最低温在10℃以上，嫩芽、花蕾和果实仍可能出现寒害症状（图8-2）。重度寒害主要发生在热带、亚热带地区少数年份。

图8-2 果实寒害症状

（3）**霜冻害** 是指在最低温度≤0℃时，使植株细胞结冰，主要症状表现是老熟枝梢出现冻伤、腐烂，甚至植株死亡。发生霜冻害时不一定出现霜，出现霜时也不一定就有霜冻发生。2～3天短暂的0℃以下低温，尤其是空气湿度较低时，只要枝条不结冰，成熟的枝条也不一定被冻死。对于霜冻的理解，关键在于"冻"，而不在于"霜"。霜冻害通常出现在秋、冬、春三季，主要发生在冬季严寒期，此时多为火龙果相对休眠期。霜冻害的发生以北方温带为主，南方亚热带地区个别年份出现霜冻害。

温馨提示

　　南宁市火龙果主产区的低温危害高发时段为12月中下旬至2月上旬。南宁市平均初霜12月25日，平均终霜1月15日；最早初霜11月20日，最晚终霜2月25日，年平均霜日6天以下；年度最多霜日20天以上，最少霜日为0天。火龙果引进南宁以来，出现较为严重低温危害年份有1999年、2008年和2012年。

2.防控措施

（1）低温危害发生前

　　①"避"。即宜避开在低温危害风险大的地区和地块建园；根据火龙果不同生育期抗御寒害能力不同的特点，调整火龙果物候生育期，使火龙果对寒害的敏感期与低温寒害发生高峰期错开。宜选择背风向阳的平地、山坡地或靠近大水体的地块建园，避免在气流量较大、气体交换频繁的山顶和风口处，向风背阳的山谷、洼地种植。规模果园宜种植防护林。实施一年三茬栽培并适时放留第三茬秋冬果，通过适时放蕾、补光等措施，促使第三茬花蕾在10月上中旬前后大量整齐抽生，果实在12月中旬至1月上旬成熟，避免树体抽生冬梢，提高树体抗寒力。

　　②"抗"。即种植抗寒力强的品种以及提高植株抗寒能力。秋后增施有机肥如草木灰、火烧土、鸡粪等，可以提高土壤温度和植株抗寒能力。寒害发生前15～20天，叶面喷施芸薹素（＋磷酸二氢钾）、海藻酸、氨基酸、鱼蛋白、腐殖酸等生长调节剂、防寒抗冻剂或叶面肥，每隔7～10天喷一次，连喷2～3次。

　　③"防"。即在寒害来临之前，采取相应的保护措施以减轻或者减少低温寒害造成的损失，主要采用灌水法和覆盖法。

　　灌水法：在霜冻发生频率较高的时段，须密切注意当地的长期和短期天气预告，预测霜冻发生时间和强度，及早采取应急预防措施。在预计发生霜冻的前1～3天进行淋水灌溉，提高近地层空气温度、湿度以缓和温度下降。有条件的可在霜冻出现前后对植株进行喷水，减缓植株体内降温，防霜冻效果较好。

　　覆盖法：霜冻来袭前可用塑料薄膜（图8-3）、防寒网或稻草等覆盖植株防寒。

图8-3 火龙果园覆塑料薄膜防寒

（2）低温危害发生时

①熏烟法。在易发生霜冻的果园，事先在果园四角及中间行间空隙处堆放半干半湿的树叶、锯末、秸秆等，于霜降或寒潮发生的当晚12时前点燃，可增加果园周围空气温度，防止霜冻发生。熏烟堆至少每亩5~6堆，均匀分布在各个方位。草堆高1.5米，底部直径1.5~1.7米，堆草时直插、斜插几根粗木棍，堆完后抽出做透气孔。将易燃物由洞孔置于草堆内部，草堆外部覆盖一层湿草或湿泥。或者使用防霜烟雾剂，晚霜来临时，在上风处点燃，每隔10米左右，挖深30厘米、直径为90厘米的小圆坑，下放干草，上堆湿草作为发烟材料。当温度降到4℃以下时点火放烟，烟幕应持续到太阳升起温度回升后为止。也可采用发烟机剂（3份硝酸铵、8~10份锯末、3份柴油充分混合），先将瓦楞纸做成直径0.2米、高1~2米的纸筒，将下端口封严，再将硝酸铵、锯末、碎沥青按3∶1∶6的比例混合均匀后装入纸筒，用木棍捅实，上口用纸屑封实，存放时防止受潮。烟幕可维持1小时左右，可提高果园小气候1~1.5℃。

②洗霜法。霜冻害发生时，有喷淋喷雾条件的果园，于天亮前后进行田间喷雾，将植株上的霜冲洗掉。

（3）低温危害发生后

①喷药。寒害、霜冻害发生后，喷5波美度石硫合剂或广谱高效杀菌剂（80%代森锰锌可湿性粉剂600~800倍液、75%百菌清可湿性粉剂800~1000倍液、50%甲基硫菌灵可湿性粉剂500倍液等）减轻冻害伤口溃烂感染。叶面可喷施芸薹素加磷酸二氢钾。

②修剪。低温寒害过后，根据新梢的受害黄化程度，及时剪除受害

症状较重的枝蔓，防止腐烂部分继续蔓延。对于二年生以上局部受害的枝蔓，本着能保就保的原则进行修剪，只要韧皮部、木质部不受害，在其上部的枝蔓仍能生长发育良好。

③灌水施肥。果树受冻后，会加速水分的丧失，遭受冻害的植株常因缺水而受害加剧。在立春后及时追施以速效氮肥为主的肥料，促进新梢新根萌发，尽快恢复树势。寒害过后，一旦植株恢复生机，应及时松土和施速效氮肥，并辅以磷钾肥恢复树势。

④松土清园。春暖之后，要及时搞好清园工作，将冻死的残株及腐烂植物体清除，并进行松土培土，以利于根系生长。

二、高温热害

1. **概述**　火龙果高温热害是指当温度达到或高于植株所能忍受的临界高温时，导致枝条、果实、幼嫩组织等植株生长发育不良以及经济产量损失的一种自然灾害。日灼是指由于强烈的日光辐射增温所导致的灼伤。高温日灼和生理干旱通常同时发生，综合产生危害。

受害程度和损失严重程度通常随着高温程度以及持续期增加而加重。火龙果高温热害气象服务预报预警等级和温度指标，高温害（35℃<t≤38℃），高温热害（38℃<t≤40℃），严重高温热害（40℃<t）。

(1) **枝蔓**　高温热害可导致火龙果枝蔓（中上部朝阳面）产生黄化现象（图8-4）。当最高气温>35℃时，即可能出现轻度的枝蔓黄化现象，在高温解除之后可逐步恢复；最高温度>40℃且持续数天时，即可能出现重度的黄化现象，甚至发展不可逆的烫熟状黄化和溃烂死亡。若高温危害期间，树体开花结果较多会导致植株体内贮藏养分大量消耗，可加剧枝蔓的黄化。

(2) **果实**　高温热害可导致火龙果落花落果，还可使果实阳面着色不良（图8-5）、产生日灼斑以及品质风味下降。开花当天的白昼最高气温高于35℃时容易出现授粉受精不良、花而不实和坐果不良的现象。

(3) **幼嫩组织**　高温可导致幼嫩组织（包括嫩梢、花蕾）溢出糖蜜。火龙果通过溢出糖蜜来实现调节植物体压力、矿物质、水分，进而调节蒸腾与光合作用。高温下，矿物质与碳合成受阻，不能进行有效的光合作用，需要大量消耗体内所积累的营养来对抗高温胁迫。

图8-4　高温导致枝条黄化

图8-5　高温导致果实的阳面着色不良

2.防控措施　火龙果高温热害主要是"避"和"抗"。"避"的措施主要有遮阳、喷涂白剂、喷水降温、树盘覆盖、阴枝留果、果实套袋、开花结果期调节等；"抗"的措施主要有种抗耐品种、减少高温期间开花结果、加强水肥管理、施用芸薹素和海藻酸肥等。

（1）**避开高温时段大量留花留果**　通过补光、摘蕾、适时放蕾等措施，实施火龙果一年三茬栽培，通过调整火龙果物候期，减少在7～8月高温日灼发生频率较高的时段留花留果批次数量和花果数量，果实适当提早采收和缩短果实留树期，使树体在高温时段保持少花少果，甚至无花无果的状态，可提高树体对高温的抗耐力。

（2）**保持土壤水分充足与合理施肥**　高温时段保持根际的土壤水分充足，可采用树盘覆盖基质或杂草进行降温，利于根系保持较强活力，使植株体内保持水分的平衡；于高温期来临前半个月左右，根外喷施芸薹素和海藻酸肥，根部追施磷肥、海藻酸肥或黄腐酸钾等，可提高树体的营养水平和增加植株的抗逆性。

（3）**遮阴与喷淋降温**　①建园时，宜设置植株顶部微喷系统，在夏季高温时段和太阳下山前后进行喷水降温（图8-6）。②植株顶部覆盖遮阳网（图8-7）也可起到降温作用。③对果实进行套袋（图8-8）防日灼。④夏季多留内膛枝开花结果，多留东面、北面的花果，少留西面和南面以及树冠外围花果，可以减轻果实阳面着色不良。

（4）**喷施涂白保护剂**　无顶部微喷和遮阳条件的火龙果园，可在第一茬果采收结束之后，第二茬花蕾尚未现蕾之前，选择防紫外线效果好、耐雨水冲刷的涂白保护剂喷施于枝蔓上（图8-9），可有效减轻高温危害。

图8-6 植株部微喷系统

图8-7 覆盖遮阳网

图8-8 果实套袋防日灼

图8-9 枝蔓喷施涂白保护剂

三、风害

1. **概述** 大风导致火龙果园产生的危害主要有植株失水症、栽培架倒伏歪斜和枝蔓折断。火龙果于夜间开启气孔吸入CO_2，若在夜间果园突遭台风、焚风、海潮风、冬春旱风、高山强劲的大风等强干冷或干热风，可导致"焚风效应"。因风速过大而使初步成熟的枝蔓蒸腾失水过度而迅速出现皮下肉质干枯黄化（图8-10）。一般在果园风口位置或边缘位置的植株迎风面的半成熟枝蔓上症状较为严重。

图8-10　风害导致枝蔓肉质干枯黄化

2．防控措施

（1）**选择风害风险小地的块建园**　果园园地选择时宜避开经常突刮大风地块建园，如台风登陆频繁地区、山脉隘口和迎风面等地块。

（2）**建立防风林带**　季节性风害风险较大的规模果园宜结合小区机耕道路建立防风林带减缓风速，降低大风导致的危害。

（3）**搭建抗风力强的栽培架**　沿海产区的火龙果园常面临台风或大风威胁。须考虑十年一遇的台风或大风，土壤在含水量饱和或浸泡状态下，土壤松软时栽培架立柱的粗度和深度是否足以承受丰产期植株最大重量和最大外力，注意预防栽培架倒伏和歪斜。在台风频发地区，往往选择搭建A形支架防倒伏。进入成年期的火龙果园一旦栽培架连片倒伏和歪斜（图8-11），植株就很难扶正或弥补，代价惨痛。

图8-11　台风导致栽培架倒伏

（3）**风害干枯黄化的处理**　由风害导致的火龙果干枯黄化，属于生理性伤害，一般情况下不会继发感染腐烂或产生其他病害，无须喷施杀菌剂或其他特殊处理，可通过加强肥水管理，促进树势，尽快恢复即可。若枝蔓干枯黄化程度较严重，宜在症状发展稳定之后，将斑块覆盖面积超过枝条表面积1/2的枝蔓进行留桩修剪，在合适的位置重新培养新梢。

四、涝害防控

1. 概述　火龙果涝害指因土壤水分过多引起根系缺氧，二氧化碳和厌氧菌活动产生有毒有害代谢物质，致使根系受害，甚至死亡腐烂。火龙果不耐涝，在地下水位较高的低湿地、沼泽地带、河湖边的火龙果园，发生洪水或暴雨过后，常有涝害发生。在南方一些丘陵山坡上开鱼鳞坑种植火龙果的果园，心土黏性大、不透水，雨季也常发生涝害。根系障碍的严重程度随着果园淹水时间的延长而加重。通常淹水6～12小时受轻度涝害，须根开始受损；12～24小时受重度涝害，白色新根基本死亡，黄褐色须根开始受损；24～28小时受重度涝害，黄色须根大量死亡；48小时以上受极度涝害，严重时树体死亡（图8-12）。

涝害对火龙果植株的伤害首先发生于根，然后引起地上部分的伤害。先是白色新根逐渐变成黄褐色，最后再变黑腐烂，一般从幼根逐步发展至粗根；根的危害从低洼和地表深处开始逐渐向地面发展，根的部位越低，危害越严重；挖开受害根系附近土壤，时常能闻到酒精霉糟气味。弯曲上翘的火龙果嫩枝蔓局部积水可能产生黄化腐烂（图8-13）。

图8-12　火龙果园涝害（左），被洪水浸泡过的茎蔓腐烂（中、右）

图8-13 枝条弯曲上翘处积水导致的黄化腐烂

2. 防控措施

（1）**涝前预防措施** 选地时宜避开地势低、地下水位高的地块建园，规划建设好排水系统；高垄种植，抬高根系分布；种植前将种植穴及周围土壤改良为疏松透气的土壤，吸水性强的壤土可掺入沙壤土、椰糠等排水性好的基质，在苗木定植前可考虑在植穴底层加10厘米的沙石层来预防和减少涝害发生；地块低洼或集雨面积大的果园应准备抽水机或排灌设备，如遇强降雨应及时排水，同时须注意堵塞进水口，疏通出水口。

（2）**涝中应急措施** 强降水过程中，注意趁雨势较小时，加强田间巡查，尤其是总排水口和干渠是否有异物和堵塞，应保证排水通畅；强降雨结束之后，及时将果园内积水排走，抽检个别植株，扒开其根际土壤检查积水情况。

（3）**涝后管理措施** 洪水浸泡过的果园在洪水退却后须及时排水，待土壤含水量下降至不黏犁耙时进行中耕松土，促进根系恢复呼吸；根据受害程度和苗木本身生长状况适当短剪或疏剪，对于根系主根已经严重变褐的植株须剪除树体上的全部花和果实，在根颈处剪断根系后用杀真菌药物进行剪口消毒，晾3～4天后重新覆土催根，同时进行疏剪回缩；注意植株和根系的病虫害防治，用多菌灵、春雷霉素，配合海藻酸肥、生根剂等进行灌根，可预防根系病害，促发新根。此外，还要对树冠喷药消毒1～2次。

第 9 章
病虫害防控

一、病害

火龙果溃疡病　　真菌性病害

　　火龙果溃疡病也称褐腐病，是露地栽培常见的头号病害。主要侵染茎蔓、花、果实，导致出现斑点、斑块和黄化溃疡腐烂，影响果实产量和品质，严重时造成毁园。若全园发病严重程度达到中度以上时，控制和治疗的难度和成本非常大，须高度重视预防和控制。

　　【症　状】病原孢子主要从嫩茎、花蕾和幼果的表皮入侵，潜伏期大约历时2周。①初期症状。被害部位散生黄色或黄白色褪绿、凹陷的小圆斑，直径0.5～2毫米，大约历时1周。②中前期症状。圆斑发展为橘黄至茶褐色，略微突起，外围有紫晕，直径2～5毫米。③中后期症状。圆斑进一步发展为灰白色火山口突起状的典型溃疡斑，溃疡斑内着生分生孢子器，遇水后胀裂，释放出粉状孢子引起新的感染。④末期症状。病斑发展为圆形或椭圆形凹陷病斑，暗褐色至黑褐色，病斑开始扩大并相互连接，出现成片腐烂，空气干燥时，腐烂病枝干枯发白，果实开裂。常与曲霉菌、镰刀菌以及炭疽病、疮痂病和茎腐病等病原混合侵染，加速腐烂（图9-1）。

图9-1　火龙果溃疡病症状
A、B.初期病斑　C.典型溃疡斑　D.腐烂病枝　E.果实干裂

【病　　原】新暗色柱节孢（*Neoscytali diumdimidiatum*），半知菌亚门节格孢属。

【发病规律】病原菌以菌丝体、厚垣孢子和分生孢子在病枝上越冬。春季气温高至16℃以上时从老病斑上释放分生孢子，借助风雨或昆虫传播，直接从嫩茎表皮入侵；气温20～30℃时菌丝体迅速生长；新产生的节孢子和分生孢子再次侵染危害新梢、花蕾和幼果。广西每年4月火龙果溃疡病开始发生，5～6月逐渐加重，7～9月为发病高峰期，10月之后发病减轻。田间高温高湿有利于发病，风雨过后更容易出现病害大面积暴发和流行。采用喷灌、管理粗放、植株生长势差的果园，溃疡病发生较重。田间发病呈现以老病斑为中心向四周扩散的趋势，当树冠上方枝条有病斑，低矮处的花和果实发病往往比较严重。

【防治方法】溃疡病可控可防，但目前尚无特效化学药剂治疗。宜通过"八字口诀"的综合措施进行防控，即"割、促、护、疏、干、洁、肥、药"，以防为主，防控结合。

（1）割——割挖病斑　于苗期上架前加强巡园，发现病斑随见随清，尽量确保无病斑遗留。

（2）促——适时促梢　于春秋季促发新梢，二年生以上果园的6～8月的新梢剪除，不予保留。

（3）护——保护新梢　新梢生长期喷施保护性杀菌剂，如70%代森锰锌可湿性粉剂500～600倍液、50%甲基硫菌灵可湿性粉剂500倍液，一梢两药。

（4）疏——合理疏芽　枝条密度合理，新芽互不重叠，充分接受阳光照射。

（5）干——干爽通风　果园排水良好，保持较低空气湿度，田间无过高杂草。

（6）洁——田园清洁　种植健康苗木，避免从疫区引种，并加强种苗的检疫，定植前对种苗进行药水浸泡消毒；冬季修剪后清理病枝，修剪下来的病枝应及时清出果园。春梢抽生期前可用45%石硫合剂150～200倍液或80%波尔多液200～300倍液全面喷施植株。

温馨提示

　　平时修剪下来的带病枝条、组织须带离果园，不可就近丢弃，以维持果园环境清洁。

（7）**肥——平衡施肥**　施足腐熟有机肥，平衡施肥，培养健壮树势。

（8）**药——药剂防控**　宜在发病初期、台风大雨前后、新梢期、花蕾期等进行预防喷药。可选用以下任一种药剂：25%吡唑醚菌酯·戊唑醇悬浮剂2 000倍液、40%苯甲·吡唑酯悬浮剂1 000 ～ 1 500倍液、42.4%唑醚·氟酰胺悬浮剂2 000倍液、25%丙环唑乳油2 000倍液＋10%苯醚甲环唑水分散粒剂2 000倍液＋43%戊唑醇悬浮剂1 000倍液、25%吡唑醚菌酯悬浮剂2 000倍液＋30%醚菌酯可湿性粉剂2 000倍液、80%代森锰锌可湿性粉剂800倍液＋25%咪鲜胺乳油2 000倍液、3%中生菌素可湿性粉剂1 000倍液、80%乙蒜素乳油2 000倍液、2%春雷霉素水剂1 500倍液等，加润湿剂（有机硅、吐温、洗洁精、洗衣粉）0.05% ～ 0.1%。每隔10 ～ 15天喷1次，连喷2 ～ 3次，注意轮换施药。

火龙果茎腐病　　真菌性病害

【**症　　状**】主要危害茎部，多发生在老枝蔓的边缘处。发病初期茎蔓边缘出现黄化病斑，呈软腐状；中期病斑逐渐变成褐色；后期病斑干枯形成凹陷缺刻，严重时组织溃烂仅剩中央主要维管束组织（图9-2）。

茎腐病

图9-2　火龙果茎腐病症状

【**病　　原**】该病病原有多种，主要由3种镰孢菌感染所引起，分别是 *Fusarium semitechtum*、*F. oxysporum*、*F. moniliforme*。

【**发病规律**】成年果园，特别是肥水管理差的果园发病严重。病菌主要从自然开口或伤口入侵，茎蔓的修剪伤口或插条切面在高温高湿时容易受感染。此病全年皆可发生，高温及雨季适合其病势发展。

【防治方法】

（1）**农业防治** 采果后结合修剪，彻底清除田间病枝残株并烧毁，以减少病原菌残存。加强肥水管理，增强植株抗性。

（2）**病斑及伤口处理** 发现病斑，应将病部刮除，并用杀菌剂消毒。修剪伤口及扦插插条，宜用广谱高效杀菌剂保护。

（3）**药剂防治** 发病前用波尔多液或石硫合剂喷洒全园，每隔7天喷1次，连喷2次。发现病斑后，以53%腐绝快得宁可湿性粉剂2 500倍液或56%贝芬硫琨可湿性粉剂1 000倍液喷洒。研究发现以百克敏、克收欣和腐绝快得宁3种药剂具有抑制孢子萌发的效果，但对于此病害的治疗目前尚无正式推荐药物。

火龙果炭疽病　　真菌性病害

【症　状】 该病病菌主要侵染已开放的花朵和成熟转色的果实，病部产生椭圆形和不定形稍凹陷的褐色至黑色病斑。茎部初感染时产生黄色或白色病斑，后期表皮组织略松弛，病斑转成淡灰褐色，病处呈现半月形坏疽，可

炭疽病

见排列成同心圆的黑色小点（分生孢子盘），严重时病斑连成片，最后腐烂（图9-3）。黄龙果的枝条与果实上会形成橘红色坏疽斑。

图9-3 火龙果炭疽病（朱桂宁 摄）
A ～ D.茎部病斑 E.病处的黑色小点 F.果实上的病斑 G ～ J.菌落

【病　　原】病原菌有胶孢炭疽菌（*Colletortrichum gloeosporioides*）、平头炭疽菌（*C. truncatum*）、盘长孢属真菌（*Gloeosporium* sp.）等。

【发病规律】高温高湿有利于该病的发生，雨季或喷灌有利于病菌传播侵染。平头炭疽菌菌丝生长的适宜温度为20 ～ 30℃，产孢适宜温度为25 ～ 35℃。病菌以菌丝体和分生孢子盘在病株和病残体上越冬。以分生孢子作为初侵染和再侵染接种体，借风雨和昆虫传播。病菌具弱寄生性和潜伏侵染性。

【防治方法】

（1）**农业防治**　合理密植，使果园通风透光。

（2）**化学防治**　可在花果期选择450克/升咪鲜胺水乳剂2 000倍液、70％甲基硫菌灵可湿性粉剂800倍液、10％苯醚甲环唑水分散粒剂1 000 ～ 2 000倍液、50％多菌灵可湿性粉剂粉剂600 ～ 800倍液或50％退菌特可湿性粉剂1 000倍液全园喷雾，视病情隔10天左右喷1次，共喷2 ～ 3次。

火龙果煤污病　真菌性病害

【症　　状】该病多发生在枝梢、花蕾和果实上。主要是高温期间，花蕾上的鳞片分泌蜜露，蜜露中的糖和有机营养是煤炱菌的天然培养基，进而引发煤污病。受害严重，鳞（萼）片尖端会枯萎破损，进而影响果实外观。发病初期，表面出现暗褐色点状小霉斑，后继续扩大成毛状黑色或灰黑色霉层。后期霉层上散生许多黑色小点或刚毛状突起。因不同病原引起的症状也不同。煤炱属的煤层为黑色薄纸状，易撕下和自然脱落；刺盾属的煤层如锅底灰，用手擦时即可脱落，多发生于叶面；

小煤炱属的霉层则呈辐射状、黑色或暗褐色的小霉斑，分散在枝蔓和果实表面，霉斑可连成大霉斑，菌丝产生吸胞，能紧附于寄主的表面，不易脱落（图9-4）。

图9-4　火龙果煤污病
A、B.鳞片分泌蜜露　C、D.果实症状　E、F.菌落　G～K.病原

【病　　原】煤炱属真菌（*Capnodium* sp.）、小煤炱属真菌（*Meliola* sp.）等多种真菌。

【发病规律】红肉品种比较容易发生。

【防治方法】在花蕾期、幼果期，可选择30%异菌·腐霉利悬浮剂1 500倍液、60%唑醚·代森锌水分散粒剂1 500倍液、41%唑醚·甲菌灵悬浮剂1 500倍液、30%苯甲·醚菌酯乳油1 500倍液＋70%嘧霉胺水分散粒剂1 500倍液或30%苯甲·醚菌酯乳油1 500倍液＋70%嘧霉胺水分散粒剂1 500倍液＋有机硅助剂3 000倍液等进行喷雾。在高温或多雨天气下，蜜露易大量分泌时段，使用腐殖酸水溶肥2.5千克/亩、矿源黄腐酸钾2.5千克/亩等调节树体营养，增强抵抗力。

火龙果茎斑病 真菌性病害

【症　　状】发病时组织失水干枯，病斑连接成片，突出茎表皮。病斑呈灰白色不规则形，稍凹陷。早期肉质茎发病部位灰白色，边缘淡黄色，后期有小黑点（载孢体）生成，载孢体生于表皮下，后突破表皮外露（图9-5）。也可造成茎干病部呈缺刻状或仅剩中央维管束组织。

茎斑病

图9-5　火龙果茎斑病症状

【病　　原】半知菌亚门的粘格孢属（*Septogloeum* sp.）。

【发病规律】高温多湿有利于病害发生。枝条过密、通风透光差、偏施氮肥以及生长势差的果园发病严重。

【防治方法】重在预防，及时喷药保护幼嫩新梢和果实，对于发病重的植株，剪除重病枝条或用锋利刀具将其病斑挖除，病残体统一集中清出果园深埋，及时喷施一次杀菌剂保护伤口防止感染。可选用80%代森锰锌可湿性粉剂500～800倍液、70%甲基硫菌灵可湿性粉剂500～800倍液、50%多菌灵可湿性粉剂500～800倍液、50%异菌脲悬浮剂600～1 000倍液、45%咪鲜胺水乳剂800～1 500倍液、10%苯醚甲环唑水分散粒剂800～1 000倍液、25%吡唑醚菌酯乳油1 000～2 000倍液、60%唑醚·代森联水分散粒剂800～1 500倍液、25%丙环唑乳油800～1 500倍液、40%氟硅唑乳油800～1 000倍液或42%三氯异氰尿酸粉剂500倍液等，每隔7～10天喷1次，视病情发展连喷3～4次。该病常与其他病害混合侵染，可统防统治。

火龙果花果湿腐病　真菌性病害

【症　　状】火龙果生长期花器与幼果常发病，该病也是贮藏期主要病害，可大幅缩短果实的贮藏寿命。花器发病时，花苞或花瓣产生水渍状溃烂。幼果发病时，病菌可先由柱头或花瓣末端入侵，再扩展至果实，造成果皮与果肉褐变腐败，遭湿腐病侵染的幼果实外观无明显病症，常提早转色且转色异常或内部黑心。成熟果实发病，主要由果梗伤口入侵，也可由表皮伤口或鳞片伤口入侵。病原菌入侵2～3天后布满整个果实，果实完全软腐，用手轻触，腐败果皮立即脱落（图9-6）。用保鲜袋密封疑似患病的组织，放在不透光的纸箱内，如果隔夜产生黑色长柄孢子，一般可判断为湿腐病。

图9-6　火龙果花果湿腐病症状

【病　　原】腐霉属真菌（*Pythium* sp.）。

【发病规律】下雨天授粉的果实容易感染该病。

【防治方法】

（1）**产期调节，适时疏花**　使产期避开7、8月高温多湿季节，或择期疏花，使园内呈现无花（果）的空档时期。

（2）**注意田间卫生**　特别注意及时去除患病组织，并施用保护药剂，注意田间卫生，不可在园内随意丢弃病花、病果，以免其成为传染源。

（3）**科学采后处理**　果实采收后保持低温12℃以下冷藏运送，防治效果佳；或将果实存于放通风处，以降低湿度，也有一定防治效果。

（4）**药剂防治**　可用20%噻菌铜悬浮剂200～500倍液、77%氢氧化铜可湿性粉剂400～500倍液或25%吡唑醚菌酯悬浮剂1 000～2 000倍液进行预防，花期前后各喷1次。

火龙果软腐病 细菌性病害

【症　状】多发生在植株中上部的嫩茎节。病斑初期呈浸润状半透明，后期病部呈水渍状，逐渐变褐色，并迅速扩大，症状犹如热水烫伤一般，病叶组织充水，用手轻压即破裂，有分泌物流出，为黏滑软腐状，发出腥臭味（图9-7）。病斑可蔓延至整个茎节，最后只剩茎中心的木质部。

图9-7　火龙果软腐病症状

【病　原】欧文氏杆菌（*Erwinia* sp.）。

【发病规律】此病多发生于多雨或土壤过湿条件下，由伤口侵染引起，与虫咬伤和其他创伤有关。如果苗期管理不善，田间土壤湿度过大，发病普遍。

【防治方法】

（1）**注意保护植株伤口**　病害轻或发生在茎节边缘的，用刀把受害部分割掉；病害重或发生在整个茎节的，把整个茎节剪除。伤口干后用铜制剂、农用链霉素或石硫合剂等单独进行喷雾或浸泡消毒。

（2）**农业防治**　培育壮苗，适时定植，合理密植。雨季及时排水，避免果园内积水。

（3）**药剂喷雾**　可选择2%春雷霉素水剂1 000倍液、80%乙蒜素乳油1 500～3 000倍液、53.8%氢氧化铜2 000水分散粒剂1 500～2 000倍液、50%琥胶肥酸铜可湿性粉剂500倍液、47%春雷·王铜可湿性粉剂800～1 000倍液或30%碱式硫酸铜悬浮剂400倍液等喷雾。

火龙果疮痂病　　细菌性病害

【症　　状】该病主要发生在植株中部较老茎节的两棱中间，后期可见过度生长的木栓化病斑，幼嫩茎节不发病。部分果园植株发病率在60%以上。枝蔓受侵染后表面首先出现水渍状褪绿斑点，初期病斑有油渍亮光，病斑逐渐扩大呈砖红色突起，后期呈不规则黄褐色至黑褐色木栓化铁锈状坏死，略突起，有的相互连成不规则大斑（图9-8）。发病严重时直接伤害到肉质茎，影响整个植株的生长。

图9-8　火龙果疮痂病症状

【防治方法】

（1）**农业防治**　加强通风透光，剪除病枝、病果，集中填埋；平衡施肥、增强植株生长势。冬天病菌在病枝中越冬，结合冬剪、春剪，剪除病枝，清理出园并烧毁。

温馨提示

不要把修剪的枝条堆放到靠近水源处或上风口处。

（2）**检查种苗**　有些果园发病是由于种苗自身带病引起的，所以选苗时要选无病健壮苗，从源头杜绝病菌进园。

（3）**药剂防治**　可选择3%中生菌素可湿性粉剂500～600倍液、27.12%碱式硫酸铜悬浮剂600倍液、30%噻唑锌可湿性粉剂800倍液等药剂，每隔7～10天喷1次，连喷3～4次。防治关键时间节点为花蕾期、谢花期、果实膨大期。

火龙果基腐病　　真菌性病害

【症　　状】该病常使茎基部发生腐烂，发病组织变褐，后期只剩中央主要维管组织（图9-9）。

【病　　原】腐霉属真菌（*Pythium* sp.）。

【发病规律】病原菌主要存在于土壤中，遇水可释放出游动孢子，从茎基部接触地表附近的伤口，受根螨、根腐病、根结线虫危害时常常伴随该病的发生。

图9-9　火龙果基腐病症状

【防治方法】对于发病初期的植株，可以先将腐烂部位用刀刮至健康部位，然后用甲基硫菌灵或多菌灵涂抹伤口；木质部已经腐烂的植株需要剪除，重新高位引根，使用咪鲜胺、吡唑醚菌酯等进行消杀。

火龙果灰霉病　　真菌性病害

【症　　状】雨季开花感染该病导致花腐烂，呈水腐状，园内多雨潮湿，花朵、果实上易产生灰色霉层。病茎初现水渍状淡黄色斑点，扩大后成灰褐色，有灰黑色霉层，最后病斑干枯（图9-10）。

图9-10　火龙果灰霉病症状

【病　　　原】灰葡萄孢属（*Botrytis* sp.）。

【发病规律】低温高湿条件下易发病。

【防治方法】病害初发时和发生后，可选择77%氢氧化铜可湿性粉剂500倍液、48%吡唑·甲基硫菌灵悬浮剂3 000倍液、70%甲基硫菌灵可湿性粉剂800倍液、80%代森锰锌可湿性粉剂500倍液、62%嘧环胺·咯菌腈水分散粒剂1 500倍液或5%亚胺唑可湿性粉剂800倍液喷雾，每隔7天施药1次，交替用药2～3次。

火龙果枯萎病　真菌性病害

【症　　　状】整个生育期均可发生，开花到结果期最重（图9-11）。前期病株生长缓慢，植株茎节失水褪绿、变黄萎蔫。一般白天萎蔫，夜间恢复。最早出现在植株中上部的茎节上，起初是茎节的顶部发病，边缘出现灰白色不规则斑点，然后向下扩展形成褐色长条形病斑，常纵裂，分泌黄色胶状物，潮湿时病斑上可生粉红色霉层，随后逐渐干枯，最后形成缝隙或孔洞，直至整株枯死，病株易拔起，根部腐朽呈麻丝状。

图9-11　火龙果枯萎病症状（李敏　摄）

【病　　　原】尖孢镰刀菌（*Fusarium oxysporum*）。

【发病规律】病原菌在患病植株或土壤中越冬。翌年气温回升后通过雨水传播，从植物伤口侵入。早春初夏的多雨天气有利于病害发生和传播。若果园低洼积水、密闭潮湿、虫害严重，有利于病害的发生。

【防治方法】可选择10%双效灵水剂200倍液或5%治萎灵水剂200倍液，在植株根茎部及其附近浇灌，每株灌300毫升，一般灌2～3次。

火龙果病毒病 病毒性病害

【症　状】火龙果病毒病害症状多出现在肉质茎，常有褪色斑点，呈淡黄绿色，有嵌纹、绿岛型病斑或环型病斑等（图9-12）。病毒病对植株的生育、果实品质及产量皆可造成影响。雨季枝条先出现病斑，而后逐渐扩大蔓延至果实。据田间观察，若植株生长旺盛，植株携带病毒量不高，对果实的产量和品质影响不大，果实亦未出现明显的畸形或病症。因此，目前火龙果病毒病尚未引起种植者的重视。

图9-12　火龙果病毒病不同症状表现

【病　原】主要有仙人掌X病毒（*Cactus virus X*，CVX），火龙果嵌纹病毒（*Pitaya mosaic virus*，PtMV），蟹爪兰X病毒（*Zygocactus virus X*，ZyVX）等。

【发病规律】病毒主要从机械伤口侵入，借助扦插和嫁接种苗传播。据调查，国内主产区果园植株带病毒比率达95%以上。

【防治方法】

（1）**农业防治**　选用无病毒种苗或实生苗种植，从预防着手。增强植株生长势，注重田间通风透光，降低栽培密度。拔除患病植株，避免传播。

（2）**注意修剪工具的消毒及伤口保护**　修剪工具可以用酒精等浸泡消毒后使用。修剪后喷保护性药剂，建议选用53%腐绝快得宁可湿性粉剂2 500倍液或56%贝芬硫琨可湿性粉剂1 000倍液。

（3）**药剂喷防**　用菇类蛋白多糖＋辛菌胺乙酸盐防治，每7～10天叶面喷洒一次，连续喷洒2～3次，能防止该病蔓延。

二、虫害

蓟马　刺吸汁液

蓟马虫体小，隐蔽性强，危害状表现滞后，不易被察觉，其危害性大而普遍，是火龙果主要虫害之一。蓟马的种类多，其中以花蓟马和茶黄蓟马危害最为严重。

【危害特点】成虫和若虫主要吸食幼嫩组织的汁液，表现为尖部坏死或畸形，枝条表皮常出现木栓化斑块。在幼蕾期和幼果期果实被害，常在果实表面出现木栓化结痂或黄褐色不规则条斑，影响果实外观（图9-13）。

图9-13　蓟马危害状

【生活史及习性】广西每年3～5月，蓟马易集中暴发。蓟马取食时间集中，日出、日落前后温度适中和自然光照较弱时外出取食活动，中午避光潜伏。蓟马10多天即可繁殖一代。雌成虫以孤雌繁殖为主。若虫高龄末期停止取食，落入表土化蛹。成虫活跃，能飞善跳。蓟马喜欢温暖、干旱的天气，适温23～28℃，适宜空气湿度40%～70%，湿度过大不能存活。

【防治方法】蓟马的防控要点是时机得当、及时，喷药细致、全面。

（1）**农业防治**　及时铲除田间杂草、枯枝落叶，并集中深埋，清除虫源和减少蓟马的栖息场所。若实施果园生草栽培，应注意连同生草带一起进行喷药。适时浇水，防止干旱，创造不利于蓟马生存的田间小环境。蓟马高发期，尽量疏掉满茬之后的小批次花蕾，包括同一批开花过早或过晚的花苞。大批次现蕾前后须关注果园周边种植的作物蓟马发生情况，如周边有玉米、蔬菜等花期长、用药频繁的作物，须关注其喷药情况，有条件可建立防控带，利用围园植物或防护林带等作为一级遮挡，并在上面喷施高浓度杀虫剂附加展着剂等，阻断部分蓟马迁移。

（2）**物理防治**　蓟马对蓝色具有强烈的趋性，可以在田园行间按1：1交替悬挂蓝板和黄板，每亩挂20～30张，用于诱杀成虫。

（3）**化学防治**　防控以若虫期和危害盛期为主，具体是大批次花蕾现蕾3～5天至中蕾期花萼外苞片微张，以及盛花后至幼果期，于天亮前后或太阳下山前后喷药，尽量避开高温日照强烈时喷药。药剂选择以见效快、持效期长的触杀、熏蒸和内吸性药剂为主，配合多种无交互抗性的药剂。可供参考选择的方案有：毒死蜱＋阿维菌素、乙基多杀菌素＋丙溴磷、丙溴磷或毒死蜱＋阿维菌素等进行喷雾。虫口密度大和危害严重时，宜每隔3天喷药一次，宜轮换用药，连喷2～3次。

果蝇　雌成虫产卵器刺破果皮产卵，幼虫取食果肉

桔小实蝇

【危害特点】果蝇体型和大小与家蝇相似，主要危害火龙果果实。在果实转色期，果蝇的雌成虫将卵产于果皮下，卵孵化后幼虫蛀食果肉，导致被害果实表面粗看完好，细看有细黑虫孔，手按有汁液流出，切开果内有活动蛆虫，果肉虫道周围变色腐烂，果实失去商品价值（图9-14）。

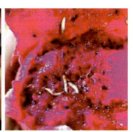

图9-14　果蝇危害火龙果果实

【生活史及习性】果蝇寄主广泛，可终年危害，常在挂果高峰期大面积暴发。夏季果蝇繁殖速度较快。当果实开始转红前后，雌果蝇将卵产于果实内，一个果蝇在1～2个月的成虫期内可产约1 000枚卵。卵经1～3天孵化成幼虫，幼虫钻入果肉中取食，经7～20天幼虫经两次蜕皮后落到表土中化蛹，蛹经8～20天羽化为成虫。成虫期夏季10～20天，秋季25～30天，冬季90～120天。成虫具迁飞性，迁飞距离可达2～3千米。

【防治方法】

（1）**农业防治**　果园清洁是防治果蝇的关键，应及时收集受害果园的黄化花冠、落果、烂果、受害果等，采用深埋、水浸、水烫或喷80%敌敌畏800倍液等方法来杀死果内幼虫后，再集中深埋处理。清洁果园、深翻土壤、撒生石灰等，可消灭越冬幼虫以及虫卵，减少果园来年的虫口基数。做好园区的排水工作，控制园区湿度，可降低虫蛹的孵化率。

（2）**物理防治**　于中果期进行果实套袋，套袋材料主要有白色纸袋、纱网袋、无纺布袋、塑料防护罩等。若未能及时套袋，可喷布香茅油或薄荷油800～1 000倍液来驱避防护。也可进行诱杀以降低果蝇数量。6～10月为果蝇暴发期，利用成虫对颜色、气味等趋性进行分期诱杀。如用甲基丁香酚引诱剂放置在诱杀器内挂在果园周边及果园内诱杀雄虫，每隔3～4米放置一个，每个瓶子距离地面0.5米以上，以阳光能照射到的地方最佳。也可用猎蝇诱杀剂诱杀雌虫和雄虫，或用适量杀虫剂（如敌百虫）涂抹于香蕉皮或芒果皮，或菠萝白糖混合发酵液加入敌百虫后放置于田间诱杀成虫。注意在果蝇暴发期定期更换补充药剂。

（3）**化学防治**　于果实幼果期用90%晶体敌百虫800倍液加3%～5%红糖，或4.5%高效氯氰菊酯1 500倍液喷布植株，每周喷1次，连喷2～3次，可杀死大部分成虫。果实转色前期为防止果蝇在果实表面叮咬产卵，可选择1.8%阿维菌素乳油1 500倍液、0.5%甲氨基阿维菌素苯甲酸盐水分散粒剂3 000倍液或48%毒死蜱乳油1 000倍液等喷雾防治。

斜纹夜蛾　　幼虫取食为害

【危害特点】以幼虫咬食火龙果嫩芽、花蕾、果实和枝蔓（图9-15）危害，初龄幼虫常取食叶片下表皮及叶肉，仅留上表皮，使叶片产生透明斑。四龄后的幼虫取食嫩茎，影响顶芽生长。

斜纹夜蛾

图9-15　斜纹夜蛾幼虫危害火龙果枝蔓

【生活史及习性】多雨条件易暴发，危害盛期为7～9月。

【防治方法】

（1）**诱杀成虫**　利用成虫的趋化性，如糖醋液（糖∶醋∶酒∶水＝3∶4∶1∶2）或发酵液加少量敌百虫溶液混匀后诱杀成虫。也可利用成虫趋光性，在果园设置黑光灯进行诱杀。

（2）**杀灭幼虫**　在幼虫进入暴食期的点片发生阶段喷施敌百虫、马拉硫磷、辛硫磷等。

知识拓展

　　蝶蛾类幼虫危害时期主要是火龙果幼苗和新梢生长阶段。防治方法为在地面种植小白菜，引诱蝴蝶等在小白菜上产卵，使得火龙果嫩芽免于受害。若危害严重时，可用杀虫剂杀除。一般在花芽和新梢抽出3厘米左右开始喷药。化学药剂选择的关键是速效性、内吸性、兼顾杀卵。可选择90%敌百虫原药1 000倍液、2.5%溴氰菊酯乳油2 000～3 000倍液、0.5%氟虫脲乳油2 000倍液或48%毒死蜱乳油1 000倍液等喷雾，可防治斜纹夜蛾、棉铃虫、尺蠖等蝶蛾类害虫。

刮食嫩芽、花、果实

【危害特点】蜗牛口内具有齿舌，可用其刮取食物。一般以成年蜗牛危害火龙果嫩茎、花、果实、根，尤喜啃食幼芽和花果表皮，被啃食处形成缺刻或凹陷，影响茎尖生长和果实外观（图9-16）。

图9-16 蜗牛危害火龙果枝蔓和花果

【生活史及习性】蜗牛喜阴暗潮湿环境，昼伏夜出。雌雄同体，异体受精。当温度低于15℃及高于33℃时休眠，温度恒定在25～28℃，生长发育和繁殖旺盛。每年发生1～2代，一生可产卵多次，每个蜗牛可产卵100～250枚。蜗牛畏阳光直射，晴朗干旱时喜欢在阴暗处暂时休眠或钻入疏松的腐殖土中栖息、产卵、调节体内湿度和吸取部分养料；雨后活动活跃，多在18：00点以后开始活动取食，20：00～23：00达到高峰，清晨停止取食，并隐藏起来。蜗牛生存力极强，对冷热干旱和饥饿具有较强忍耐力。

【防治方法】

（1）**农业防治** 清除杂草，注意排水，合理修剪，疏除过密枝及趴地枝条，保证通风透光。中耕晒土，破坏蜗牛生存环境。在树干上放置倒扣的塑料碗，使蜗牛无法上树。

（2）**生物防治** 果园内放养鸡、鸭、鹅啄食，尤其是鸭群喜食蜗牛且食量大，是防治蜗牛的一个十分方便有效的方法。

（3）**药剂防治** 可选择80%波尔多液500倍液＋茶皂素50倍液＋80%四聚乙醛可湿性粉剂300倍液、70%杀螺胺可湿性粉剂1 000倍液、

74%速灭威·乙酸铜粉剂100 000倍液、5%高效氯氟氰菊酯＋1%食盐或3%阿维菌素＋1%食盐等，于新梢生长期雨后阴天蜗牛活动频繁时喷雾防治效果较好。秋冬季用80%波尔多液500倍液＋茶皂素50倍液喷雾效果较好，若用药后不久即遇到下雨，则须补喷。

介壳虫 刺吸汁液

堆蜡粉蚧

危害火龙果的介壳虫主要有褐圆蚧（*Chrysomphalus aonidum*）、堆蜡粉蚧（*Nipaecoccus vastator*）。

【危害特点】以成虫、若虫群集刺吸汁液危害，受害枝条表皮粗糙，树势减弱；嫩枝受害后生长不良；叶片受害后叶绿素减退，出现淡黄色斑点；果实受害后，表皮有凹凸不平的斑点，品质降低（图9-17）。

图9-17　介壳虫危害状

【生活史及习性】一般以4～5月和10～11月虫口密度高、为害重。

【防治方法】

（1）**苗木检疫**　注意选择无虫健康苗木。

（2）**剪除虫枝**　冬季及发病初期剪除、销毁介壳虫危害严重的枝条。

（3）**药剂防治**　若虫盛期喷药，此时体表尚未形成介壳。可选择50%辛硫磷乳油800～1 000倍液、25%噻嗪酮可湿性粉剂1 500～2 000倍液、10%克蚧灵乳油800～1 200倍液、50%辛硫磷乳油1 000倍液或40%水胺硫磷乳油1 000～1 500倍液喷雾，每隔7～10天喷1次，连喷2～3次。

蚂蚁　啃食危害

【危害特点】蚂蚁主要危害火龙果嫩芽（图9-18），也可危害花和果实。受害嫩芽腐烂，容易被误认为茎腐病。在花苞期因苞片先端会分泌蜜露，易引诱蚂蚁群聚，使果实鳞片诱发烟煤病，影响果实外观，降低商品价值。被蚂蚁取食危害过的幼嫩组织呈凹陷状，严重时嫩芽不能抽发，果实发育不良，容易感染其他病害。

   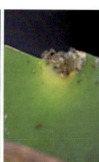

图9-18　蚂蚁危害火龙果嫩芽

【生活史及习性】蚂蚁一般都会在地下筑巢，喜欢生活在温度25～30℃，土壤湿度10%～20%，空气湿度70%～90%的环境中。

【防治方法】

（1）**毒饵诱杀**　用麦麸5千克，放于锅内炒香，用50%辛硫磷乳油500倍液或90%敌百虫晶体可溶性粉剂500倍液与麦麸混匀，再用红糖或蜂蜜糖0.5千克兑水1.5千克洒于其上，制成毒饵。把毒饵撒在蚂蚁途经的地方。

（2）**喷雾防治**　可选用5.7%氟氯氰菊酯乳油1 500倍液、2.5%高效氯氟氰菊酯乳油800倍液或50%辛硫磷乳油600倍液进行喷雾。

（3）**树盘撒药**　幼梢生长期于树盘周围施石灰或灭蚁剂。

蜻类　刺吸汁液

目前危害火龙果的蜻类主要是稻绿蜻（*Nezara viridula*）。

【危害特点】蟓类可刺吸火龙果果皮、鳞片的汁液（图9-19），造成伤口木栓化，产生锥状凸起，易感染病害，蟓类害虫应激时分泌酸性排泄物可烧伤果皮，产生的伤口易诱发病斑。初期刺吸伤口不明显，后逐渐显现。其排泄物也可对果皮造成损伤，影响果实发育。

【生活史及习性】4～10月危害较重。

图9-19　稻绿蟓危害火龙果果实

【防治方法】在新梢生长期、花蕾期和幼果期可选用25％高效氯氟氰菊酯可湿性粉剂2 000倍液＋30％吡丙·虫螨腈悬浮剂1 000倍液或20％氰戊菊酯乳油3 000倍液等，轮换喷雾防治。

蚜虫　刺吸汁液

蚜虫

【危害特点】主要以成虫、若虫群集刺吸危害火龙果的嫩茎、花和果实（图9-20）。蚜虫危害时，会排出蜜露，吸引蚂蚁取食，同时，还会引起煤烟病，导致果实着色不良。最重要的是蚜虫还可以传播病毒。在严重的情况下，植株停止生长，甚至枯萎死亡。

【生活史及习性】蚜虫繁殖力强，一年可繁殖10～30代，世代重叠严重，有趋黄性。

【防治方法】

（1）**药剂防治**　可选用70％吡虫啉水分散粒剂5 000倍液、50％啶虫脒水分散剂2 000倍液、1.8％阿维菌素乳油1 000～2 000倍液等药剂一种或两种混合喷雾。

（2）**悬挂黄板**　利用蚜虫的趋黄性，可在田间悬挂黄板进行诱

图9-20　蚜虫危害火龙果果实

杀。按照每亩20～30块的数量悬挂在田间，黄板的设置高度以与植株顶端齐平或略高为佳，黄板粘满蚜虫及时更换，或每隔7～10天重新涂黏油。

白蚁　啃食危害

【危害特点】果园以前种过松木，白蚁会比较严重。白蚁主要危害主蔓，从主蔓基部的皮下肉质或维管柱内向上危害，啃食肉质，导致肉质黄化腐烂，严重时可导致植株死亡（图9-21）。

图9-21　白蚁危害火龙果枝蔓

【生活史及习性】白蚁为多形态、社会性昆虫，分为繁殖蚁、兵蚁、工蚁等。白蚁的生存繁衍、延续种族靠繁殖蚁（有翅成虫）来完成。每年4～6月是白蚁的繁殖季节，成千上万头带翅膀的繁殖蚁从原群体蚁巢中迁飞出去，脱翅后的雌雄成虫结成配偶，一旦有适宜的地方就会生存下来，创建新的群体。白蚁的脱翅繁殖蚁婚配后约一星期就开始产卵，壮年的蚁后每日产卵量可达数万粒，卵孵化为幼蚁的过程约为20天。从脱翅繁殖蚁产卵至第一龄幼蚁的诞生，大约需一个月，幼蚁经过几次蜕皮，约一个月左右即可变为成年工蚁和兵蚁。一个成熟的白蚁群体以脱翅繁殖蚁婚配至群体内首次产生下一代有翅成虫，需7～10年即可再次分飞繁殖。

【防治方法】

（1）**生物防治**　主要是果园养鸡，利用鸡啄食白蚁。

（2）**药泥浸根**　种植果苗时用75%辛硫磷乳油300～400倍液加入泥土中，配成药泥浆，浸根3～5毫升即可种植。

（3）**药液灌根**　用90%敌百虫晶体1千克加水500千克，每株灌淋2.5千克；用樟木油稀释成600～800倍液，在发生部位淋药液250毫升。

（4）**木薯茎诱杀**　在果园中布点10～20个，每个点堆放木薯茎31克，用甘蔗叶或稻秆覆盖，淋湿后用泥浆封固呈蜂窝状，半个月后检查，如发现白蚁就让鸡啄吃或洒上煤油烧掉。

绿额翠尺蛾　幼虫啃食危害

绿额翠尺蛾（*Thalassodes proquadraria*）又叫绿额翠尺蠖（图9-22）。

【**危害特点**】主要是以幼虫危害嫩梢，使其产生肉质缺刻或破坏生长点。

图9-22　绿额翠尺蛾成虫及幼虫

【**生活史及习性**】在华南地区，绿额翠尺蛾每年发生7～8代，以蛹在叶片上和杂草中越冬。成虫有昼伏夜出的习性，具趋光性，卵散产于嫩芽或嫩叶尖上。3月下旬至5月上旬出现第一代幼虫。在高温下，卵期3～4天，幼虫期11～17天，蛹期6～8天，成虫期5～7天，完成一世代需25～36天。

【**防治方法**】

（1）**防治初龄幼虫**　可选用90%敌百虫晶体800倍液、20%氰戊菊酯乳油3 000倍液、1.8%阿维菌素乳油1 000～2 000倍液、40%水胺硫磷乳油1 000倍液、48%毒死蜱乳油1 000倍液或25%溴氰菊酯乳油2 000～2 500倍液。

（2）**防治老熟幼虫**　老熟幼虫抗药性很强，不易用药杀死，可于其入土化蛹时于树冠周围表土撒施3%辛硫磷颗粒剂毒杀。

（3）**防治成虫**　利用其趋光性，可进行灯光诱杀，尤其是越冬代成虫。

丽金龟　咬食危害

【**危害特点**】成虫危害嫩枝蔓、花（图9-23）、果实，幼虫（蛴螬）危害根系。

【**生活史及习性**】成虫迁飞力强、昼伏夜出、适应性强。成虫常将卵产于植株根际附近5～6厘米深的土层中，幼虫（蛴螬）集结于根部危害。由于其幼虫生活于地下，生长周期长，隐蔽危害，给生产防治带来很大的困难。

图9-23　丽金龟危害火龙果花

【**防治方法**】

（1）**药剂防治**　在成虫发生期树冠喷布50%杀螟硫磷（杀螟松）乳油1 500倍液或50%对硫磷乳油1 500倍液。在卵期和初孵幼虫期，选用40%毒死蜱乳油1 500～2 000倍液、50%辛硫磷乳油1 000～2 000倍液或300克/升氯虫·噻虫嗪悬浮剂1 500～3 000倍液进行灌根处理，能有效防治幼虫。

（2）**诱杀成虫**　利用趋光性，可用黑光灯诱杀成虫；大发生时傍晚堆草点火，引诱成虫入火自焚；也可以红糖5份、醋20份、水80份的比例配制糖醋液诱杀成虫，在果园设置诱杀盆，注意下雨时遮盖诱杀盒，以免雨水落入盆中影响诱杀效果。

温馨提示

　　注意施用的农家肥须经过充分腐熟后再施用，避免引来丽金龟。

三、鼠害

【危害特点】老鼠主要啃食成熟果实（图9-24）。

【生活史及习性】老鼠多昼伏夜出，活动时靠墙根或固定物边行走，形成鼠路。鼠善于打洞，在松软的土壤打洞长达3米，深度可达0.5米。老鼠在观察环境时，同时也试吃环境中的食物，开始先取食少量，随后逐渐增加。

图9-24　老鼠危害火龙果果实

【防治方法】多采用投放毒饵法。一般在2～4月、9月下旬至11月底或非果实成熟期投放毒饵。春季是老鼠的食欲旺盛期，再加上其抗毒力差，投放毒饵后老鼠易饥不择食；在秋季害鼠采食、贮粮活动频繁，投放毒饵防治效果也好。可用磷化锌300～500倍液或0.5%溴敌隆200～300倍液撒于树主干和叶片内。亦可在果园或者洞口投放1克磷化锌、0.1%敌鼠钠或0.005%溴敌隆作为毒饵。毒饵不可用手抓，以防鼢鼠嗅到汗味不取食。要选择无风晴天投放毒饵，在洞口前10～15厘米处或者取食的树根、草根附近，要堆放成小堆以利老鼠发现，每堆20～40克，沿着墙边或鼠洞投放，每隔5～10米投一堆。若毒饵的主要有效成分是为敌鼠钠盐或杀鼠醚，投放后应连续补投两天，吃多少补多少，如果吃完，则加倍补投。如果毒饵的主要有效成分为溴敌隆、杀他仗、大隆等，则在饱和投放毒饵7～10天后补投一次。也可在果窖内投放1片或者半片磷化铝或5～8克氯化苦进行熏杀。

知识拓展

采用毒饵灭鼠效果不佳的原因：毒饵的适口性差，投放毒饵量不足，投放毒饵的位置不当，灭鼠面积太小，毒饵含药量太低，长期使用急性灭鼠药。

四、根系病虫害与生长障碍

火龙果常见及危害较大的根系病虫害与生长障碍主要有：根结线虫、根螨、根腐病、沤根等，共同的症状和表现是烂根、根系的正常功能或生长出现障碍。其特点一是前期不容易被察觉发现，等地上部分出现症状时，往往受害已经较久或较严重；二是不容易根治或防治。由于根系在土壤中分布较广且深浅不一，加之土壤对药物等处理措施具有较强的阻隔和缓冲作用，导致治理难度相对较大。虽然根系生长障碍的发生往往与土壤根际环境、品种抗耐性、植株生长势等密切相关，单次或单项措施处理的改善效果显得往往不如植株地上部分的病虫害防治效果那么显著。根系生长障碍的预防和控制须从改良土壤根际环境、提高植株抗耐性等治本措施入手，辅以持续的针对性治标措施。

根结线虫病　　线虫性病害

危害火龙果的根结线虫主要是南方根结线虫（*Meloidogyne incognita*）。侵染初期地上部分症状不明显，病害不易被识别和发现。病害传播快，不易彻底治理，对果园危害大。

【危害特点】主要危害根系，从新根根尖入侵，刺激寄主根细胞加速分裂，使根部肿大，形成根结状肿瘤。受线虫危害的根容易诱发真菌、细菌的复合侵染，从而导致根腐，影响根系的生长和正常吸收。被害株地上部生长不良，初期枝蔓颜色变暗变软，中后期枝蔓干瘪发黄，开花结果减少，严重者无法开花结果，甚至造成植株提早死亡（图9-25）。

图9-25　根结线虫病症状

【生活史及习性】 根结线虫的单个完整世代包括卵、幼虫和成虫三个阶段，土壤温度25～30℃、湿度40%～70%条件下，线虫繁殖很快，大约25天完成一个世代，一条雌虫可产卵300～800枚。土壤温度10℃以下或40℃以上时活动微弱，55℃时10分钟即可死亡。大田中根结线虫以雌虫、卵和二龄幼虫在火龙果及其他寄主的病残根和根际土壤中越冬。在土壤中无寄主条件下可存活一年以上。根结线虫在土壤中的活动范围较小，多分布在距地面0～20厘米深的土壤内，特别是3～9厘米深的土壤中线虫数量最多。在温室中可终年危害。线虫的远距离传播主要通过带虫土壤、苗木、灌溉水、农机具、人类活动等。

【防治方法】 由于火龙果的营养器官为肉质茎，不像其他具有叶片的作物那样容易通过叶片萎蔫等症状即可观察到根结线虫导致的生长障碍，发病的植株发现时往往比较滞后。必须严格实行以防为主、综合防治的植保方针，着重抓好农业、物理防治，配合化学防治，才能有效预防其危害。

(1) **农业防治** 宜引种无根苗或基质苗。移栽时剔除带虫苗或将"根瘤"去掉。清除带虫残体，压低虫口密度，带虫根晒干后应烧毁。深翻土壤，将表土翻至25厘米以下，可减轻线虫的发生。实行轮作，线虫发生多的田块，改种抗（耐）虫作物，如禾本科作物、葱、蒜、韭菜、辣椒、甘蓝、菜花等，也可种植水生蔬菜，以减轻线虫的发生。

(2) **物理防治** 建园的地块前茬作物若为易感染线虫的作物，有条件的果园宜于建园定植前进行消毒灭线工作，可结合雨季对果园进行淹水漫灌两周将线虫淹死；若无条件淹水，可考虑用石灰氮或其他土壤熏蒸剂进行土壤处理。根结线虫对电流和电压耐性弱，采用3天T系列土壤连作障碍电处理机在土壤中施加直流电压（DC）30～800伏、电流超过50安/米^{2}就可有效杀灭土壤中的根结线虫。

(3) **化学防治** 可选用80%乙蒜素乳油1 500～3 000倍液、41.7%氟吡菌酰胺悬浮剂15 000～20 000倍液、10%灭线磷颗粒剂3千克/亩或2%氨基寡糖素水剂100～300倍液等药剂的一种或两种，根据使用说明进行灌根或撒施。灌根宜在花果期结束后至入冬前，每15～20天处理一次，连续处理2～3次。

(4) **生物防治** 施用淡紫拟青霉菌、厚孢轮枝菌等内生真菌。内生真菌通过分泌几丁质酶来防治线虫，改善土壤微生态，但是淡紫拟青霉菌在土壤中不易存活，厚孢轮枝菌、穿刺巴氏杆菌尚未产业化。微生物药剂可用来发病前预防和治疗后恢复，也可配合化学药剂使用，提高防治效果，但不能作为杀灭根结线虫的主要措施。甲壳素、几丁质、壳聚糖、壳寡糖、氨基寡糖素等可以诱导土壤微生物分泌几丁质酶，从而抑制线虫繁殖；氨基寡糖素还有一定的免疫调节作用。γ-氨基丁酸可麻痹线虫神经系统，防治线虫。

根腐病　<u>真菌性病害</u>

【症　　状】　主要危害幼苗根部。病株地上部叶片褪绿，逐渐变黄，后凋萎枯死。地下部根颈及根陆续褐变，皮层腐烂（图9-26）。

图9-26　根腐病症状

【发病规律】　发病高峰期通常是在火龙果开始大批量挂果时，浇水过多过勤、施肥过浓、栽植过深、地下害虫危害、机械损伤根部、施用未腐熟的有机肥等，都可能诱发根腐病。

【防治方法】

（1）**化学防治**　可选用70%甲基硫菌灵可湿性粉剂800倍液、77%氢氧化铜可湿性粉剂500倍液、68%噁霉·福美双可湿性粉剂800～1 000倍液或20%吗胍·硫酸铜水剂400～500毫升/亩等，交替淋根或灌根，每隔10天1次，连续用药2～3次。

（2）**科学施肥**　需遵循薄肥勤施的原则，宜施用充分腐熟的有机肥、微生物菌肥。

（3）**防治地下害虫**　注意养护根系，防治地下害虫如蛴螬等。

根螨　害螨啃食危害

近年来，根螨危害有扩大和加重的趋势，是火龙果园重要的根部害虫。

【危害特点】根螨的成、若螨取食植株的根部假茎、鳞茎等部位，常使根部受损，严重的造成须根脱落，腐烂变褐。食害根颈时，一般从边缘开始取食，不断扩展造成食痕和伤口；中后期形成外小内大的孔洞。若拔起植株，可见受害部位变成深褐色，有许多微小的白色洋梨形状的雌成螨。火龙果幼年期受害较轻，成年期受害加重，常伴有镰刀菌、腐生菌引起的根腐病、腐烂病和疫病等病害，进而根系软化腐烂。受害植株地上部生长缓慢，茎蔓颜色变暗，逐渐干枯变黄，严重时整株枯黄死亡。

【形态特征】根螨有卵、幼螨、若螨、休眠体和雌、雄成螨等多个虫态。虫体微小，雌成螨体长0.5～1毫米，卵圆形，体白色至黄白色，体壁柔软发亮（图9-27）。

图9-27　根　螨

【生活史及习性】根螨喜潮湿、温暖、富含有机质的土壤环境。根螨以成螨、若螨在土壤中或被害植株内越冬，在田间一年发生9～10代。条件适宜时2～4周可繁衍一代，世代重叠现象严重，每头雌螨平均产卵约200枚。当环境条件恶化时，第一代若螨即进入休眠，变成休眠体，不食不动，对不良环境抵抗力较强，待环境条件好转后，再发育成第二代若螨。根螨喜土中生活，避光性较强，行动迟缓，温度适应范围较广，一般在平均气温10～30℃范围内，均可发育和活动，10℃以下停止活动。施用未经充分腐熟的禽畜粪便，容易加重根螨发生。根螨可随土壤、有机肥、农机具和灌溉水在田间传播。根螨的若虫还生有吸片，可附着在动物、人类、交通工具上迁移到新的环境传播。

【防治方法】

（1）**农业防治**　①选用无虫繁殖材料。对调运的寄主秧苗或鳞茎应加强检验，淘汰带虫秧苗或鳞茎，发现虫体后做消毒处理，防止根螨扩大蔓延。②科学施肥。施用充分腐熟的优质有机肥，平衡施肥，改良土壤酸碱度，使植株生长健壮。③加强田间监测。根螨体型微小，生活于地下，初发生期不易被发现，即使有所察觉，也多误诊为根结线虫或软腐病，易贻误最佳控制时期。因此，应加强监测，遇到可疑症状，需挖土仔细检查鳞茎，寻找螨体，及时鉴定确认。④清洁田园。收获后及时清洁田园，清除植株残体，集中销毁，以免虫体在田间传播。⑤实行耕翻和冬灌。耕翻可机械杀伤土中的螨体，或翻到土面使其死亡；冬灌可使在土中休眠的螨体死亡。⑥需适期早播，早播田块发生较轻。⑦严重发生田块可与小麦、大麦等作物轮作。

（2）**化学防治**　若发现有根螨危害，可选用20%哒螨灵可湿性粉剂3 000～4 000倍液、5%噻螨酮乳油2 000～3 000倍液、20%甲氰菊酯乳油4 000倍液或20%双甲脒乳油1 000～1 500倍液等进行灌根处理。灌根宜在花果期结束后至入冬前，每15～20天灌一次，连灌2～3次。

五、火龙果采后与贮藏病害

桃吉尔霉果腐病　　真菌性病害

【症　状】病菌可危害授粉后的花、幼果和采后贮运的果实。遇潮湿多雨、闷热天气时，开花后的黄化花冠易感染病菌，变褐软腐，并长出灰色霉层；当花的柱头携带病菌时，在授粉受精过程中潜伏在子房内，随着果实膨大危害幼果，使果实停止膨大，提前转红，果实心部发生褐变并由内向外腐烂；潜伏在成熟果实上的病菌，待果实成熟在贮运过程中危害果实，感病果实初期呈水渍状软腐，后期果实上生出大量灰黑色霉层（图9-28）。

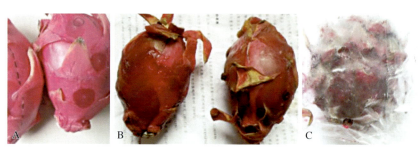

图9-28 桃吉尔霉果腐病果实症状（何全光 摄）
A.接种桃吉尔霉孢子液24小时后　B.接种桃吉尔霉孢子液48小时后　C.自然发病末期

【病　　原】桃吉尔霉（*Gilbertella persicaria*）为霜霉目、白锈科、吉尔霉属真菌。桃吉尔霉菌落呈白色，孢囊梗呈淡褐色至浅灰色，无隔，孢子囊呈球形。

【发病规律】高温、多雨、通风不良的环境容易发病。该菌在30℃、黑暗条件下生长最好，宿主范围广，致病力强。

革节孢果腐病　　真菌性病害

【症　　状】主要危害果实。一般从果顶盖口开始出现症状，呈褐色水渍状病斑，数日内病斑可扩展至全果，果实随之变褐软腐。病斑上出现黑褐色颗粒状物，即病菌分生孢子。

【病　　原】革节孢（*Scytalidium* sp.）为半知菌亚门、丛梗孢目、节格孢属真菌。

尖孢镰刀菌软腐病　　真菌性病害

【症　　状】该病害可在火龙果果实表面形成黄褐色病斑，病斑凹陷且边缘清晰，果实褐变软腐（图9-29）。

图9-29　尖孢镰刀菌软腐病症状及菌落

【病　　原】尖孢镰刀菌和单隔镰刀菌均能引起火龙果采后软腐，其中尖孢镰刀菌是主要病原。尖孢镰刀菌为半知菌亚门、从梗孢目、瘤座孢科、镰刀菌属真菌。

【发病规律】该菌最适生长温度和致病温度均为25℃，照射条件下致病性强，在15℃和35℃条件下致病性明显降低，5℃和45℃条件下该菌无法正常生长和致病。

平脐蠕孢黑斑病　　　真菌性病害

【症　　状】该病可危害茎蔓引起茎腐病，也可以危害果实引起采后腐烂，起初是在果实表皮发病组织表面密生黑色细小斑点，然后在病部产生黄褐色或黑色粉状斑点，最终导致果实软腐（图9-30）。

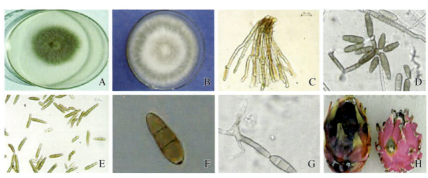

图9-30　平脐蠕孢黑斑病
A、B.菌落　C～G.病菌分生孢子及孢子梗　H.果实症状

【病　　原】仙人掌平脐蠕孢（*Bipolaris cactivora*）为半知菌亚门、丛梗孢目、平脐蠕孢属真菌。

【发病规律】该病害发生与传播集中在温暖湿润的季节，冬季不发病。该病菌菌丝生长最适温度是30℃，产孢最适温度20℃，菌丝生长最适pH为5，产孢最适pH为8。光照对菌丝生长无显著影响，黑暗条件有利于产孢。该菌耐盐性较好，在含0.1%氯化钠培养基上病菌可正常生长。

胶孢炭疽病　真菌性病害

【症　　状】该病害主要是在果实转色后才会发病。感病初期，会呈现凹陷及水渍状淡褐色病斑，之后病斑扩大而相互融合；后期病部产生黑色小颗粒为分生孢子盘，橘红色的黏稠状物为分生孢子堆。

【病　　原】胶孢炭疽菌（*Colletortrichum gloeosporiodes*）为半知菌亚门、腔孢纲、黑盘孢目、炭疽菌属真菌。分生孢子长椭圆形或一端稍窄短棒状，无色，单胞，内含数个油球，大小为（9～26）微米×（3.5～6.7）微米。

【发病规律】该病具有明显的潜伏侵染特性，病菌侵入后潜伏在果皮和果肉中，待条件适宜，病菌快速繁殖并表现症状。病菌以菌丝体、分生孢子和分生孢子盘在病茎处越冬，通过雨水、风等传播，病菌从伤口侵入寄主。高温高湿、偏施氮肥都会加重病害的发生。田间管理过程中，若对茎部造成的损伤，病菌容易侵入。

可可球二孢焦腐病　真菌性病害

【症　　状】该病多从火龙果果蒂开始发病，果蒂变黑、腐烂。如果湿度大，病部会长出灰绿色菌丝体，后期在发黑部位长出许多小黑点，即病菌的分生孢子器。

【病　　原】可可球二孢（*Botryodiplodia theobromae*）为半知菌亚门、腔孢纲、球壳孢目、球二孢属真菌。可可球二孢在PDA培养基上28℃培养，菌丝体生长迅速，初期为白色至灰白色、有光泽，后渐转灰黑色至黑褐色。分生孢子器近球形，有2～3个聚生于子座内，器壁较厚，分生孢子椭圆形，初期单胞无色，成熟的分生孢子双胞，褐色至暗褐色，表面有纵纹，大小为（20.7～28.4）微米×（11.6～14.9）微米。

知 识 拓 展

采后与贮藏病害防治方法

（1）**农业防治** 火龙果的采后病害多具潜伏性，一般在田间感病，贮藏期才开始发病。因此，搞好田间卫生、减少初侵染源非常重要。主要工作是在秋冬季节适度修剪过密的枝蔓，使果园保持良好通风状态，有助于减轻病害发生。

（2）**物理防治**

①低温贮藏。火龙果采后果实的腐烂与温度密切相关，温度既影响火龙果果实的生理代谢，也影响病菌的生长繁殖和致病力。研究表明，在 20~30℃即室温条件下，火龙果果实极不耐贮藏，在贮藏3天后果实软化，贮藏时间仅为6天，随后发生严重的腐烂。缩短从田间采收至恒温冷库（5~6℃）的时间以及低温贮藏处理可显著降低火龙果的呼吸强度，是延长果实贮藏时间和保持果实商品性状的有效关键措施。

②辐射保鲜。辐照保鲜是利用原子能射线释放的能量对食品进行杀菌和杀虫，并干扰果蔬生理代谢来延长贮藏期的方法。根据FAO/IAEA/WTO专家委员会的标准，采用10千克γ射线辐照食品在毒理学上不存在危险，因此常用10千克γ以下的剂量来控制果蔬的采后病害。研究表明照射剂量在800克以下，对火龙果提供检疫安全的同时，对其感官和品质没有影响。

（3）**化学防治**

①保鲜药剂。优先选择已在火龙果登记许可使用的保鲜药剂，并且使用的浓度应控制在推荐范围之内。研究发现，用不同浓度氯化钙（2%、4%、6%）处理火龙果，氯化钙对降低火龙果的腐烂率有一定的作用，以2%氯化钙处理效果较好，而且火龙果果实在整个贮藏过程中，各处理间的营养品质变化差异不显著。此外，火龙果褐腐病发病率随氯化钙浓度升高而降低。

②气体熏蒸。气体熏蒸是利用具有杀菌作用的气体来处理果蔬，以延长果蔬保鲜期的方法。目前报道的熏蒸气体有一氧化氮、1-甲基环丙烯（1-MCP）和臭氧等。1-MCP是目前应用效果最好的乙烯受体抑制剂。研究发现采用不同浓度的1-MCP处理火龙果果实，1.0微米/升1-MCP处理火龙果果实效果最佳，能明显降低火龙果在贮藏期间的腐烂率，同时还发现用1.0微米/升1-MCP处理火龙果，可以提高超氧化物歧化酶（SOD）、过氧化氢酶（CAT）和过氧化物酶（POD）等酶的活性，可增强抗病性，延缓果实衰老。

六、其他生长异常

火龙果园的其他生长异常有营养不足（缺素症）、营养过剩（肥害）、土壤盐渍化、连作障碍、药害、枝条自然衰老症、花皮果、裂果、果实鳞片早衰焦枯等。

1. 营养过剩（肥害） 火龙果园常见的肥害类型有以下几种：

（1）**烧根脱水型** 因一次性施用化肥过多或者根际肥料溶液浓度过大，引起火龙果根毛细胞内水分反渗透，造成植株脱水。植株表现为枝蔓颜色变浅、变软，甚至干枯，轻者影响生长发育，重者全株死亡。

（2）**沤根型** 充分腐熟有机肥施用量过多，有机肥在土壤中发酵发热及产生硫化氢等有毒物质导致沤根。

（3）**毒害型** 长期过量施用某种元素或者土壤酸碱度失衡导致某种元素离子的溶解性过高，超出了火龙果根系所能忍受的范围，致使受害或死亡。

2. 药害 火龙果药害产生的主要原因有以下方面：①施药方法不当。②使用了敏感药物。③极端或高温天气施药。若在高温干燥天气条件下施药，药液快速浓缩，易使植株发生药害的风险加大。在高温期施药后，容易在嫩梢和绿果的表面产生不规则褐色斑，特点是药液附着多、滴水点、向阳的地方症状较重。④生长调节剂使用不当。当不慎产生药害时，可喷施芸薹素内酯，加强水肥营养管理，以缓解症状，促进树势恢复。

（1）**除草剂药害** 施用百草枯（图9-31）、草甘膦或草铵膦时，若不小心让药液接触到枝蔓或花果，轻则导致果实果皮和鳞片变厚、变绿、无法正常转红，重则产生褐色灼伤斑块。

图9-31 百草枯药害症状

（2）**助剂药害**　火龙果枝蔓蜡质层较厚，药液不易黏附，喷药时往往添加有机硅、精油等助剂以增加药液的附着力。有机硅助剂可导致枝蔓表皮蜡质层溶解，使其保水能力下降，细胞受损而产生药害（图9-32）。有时多种药剂混合喷施，药液中不同的助剂成分叠加，使得浓度过高或枝蔓药液附着量过大。

图9-32　助剂药害症状

（3）**铜制剂药害**　铜制剂（氢氧化铜、碱式硫酸铜、喹啉酮等）是一种在细菌性病害防治中广泛使用的杀菌剂，具有杀菌谱广、药效持续时间长的优点。但是使用铜制剂容易产生药害，与其他农药混用会进一步增加产生药害的可能。

①病因。当植物体表面有水珠时，喷施铜制剂后，铜离子会不断释放出来。但在高温多雨的情况下，尤其是连续降雨时间过长时，水滴中会溶解较多的二氧化碳，促进药剂中铜离子的释放，当铜离子浓度超过一定量时，作物即会受到伤害。

②症状。受害植株多在叶片或果皮上表现症状，如叶片褪绿、黄化，后期有时整叶变成黄白色，严重时叶面出现不规则白色或黑色坏死小斑点（图9-33）。

③预防措施。对铜制剂敏感的时期如新梢期、花果期应尽量避免使用铜制剂，必须使用时应严格掌控用药时间、用量及浓度。发生药害后应及时灌水，严重时可喷洒0.001 6%芸薹素内酯水剂800 ～ 1 000倍液或1.8%复硝酚钠水剂5 000 ～ 6 000倍液，以缓解药害。铜制剂在一般情况下不能与含金属离子的农药或叶面肥混用，因金属离子易引起沉

图9-33　铜制剂药害症状

淀，使药效改变或引发药害。此外，大多铜制剂不宜与苯并咪唑类杀菌剂（甲基硫菌灵、多菌灵等）混用。在情况不明时，应进行预备试验，先小剂量混合，观察是否有颜色改变，是否有气泡、沉淀产生等反应，一旦出现这些现象，即说明不能混用。也可以先小面积试用，确定无药害时再大面积施用。

3. 枝条自然衰老症　三年生以上的火龙果枝蔓抽芽、成花结果能力大大下降，随着年龄增加逐渐出现老化症状，表现为枝条，表皮灰暗失去光泽，大部分刺座已经萌发过或者脱落，从茎节凸起小巢处或者刺座附近逐渐出现黄化焦枯和腐烂症状（图9-34）。生长势弱的植株可提早出现衰老症。

图9-34　火龙果枝条自然衰老症

4. 畸形花和畸形果（图9-35）

（1）**病因**　一是早春或晚秋，在花芽形态分化的临界期，突遇降温或急剧升温，导致出现"花变叶"或"叶变花"；二是由于外界光温条件有利于成花，使得尚未充分老熟的新梢提前现蕾开花，导致花蕾和果实的萼（鳞片）数量少及果实畸形；三是使用激素类催花药物，虽可诱导出反季节花蕾，但往往由于使用浓度过高或外界温度偏低（≤25℃），导致出现花蕾和果实的萼（鳞片）数量偏多、偏长，甚至花和果实的外观严重畸形。

图9-35　畸形花（左）和畸形果（中、右）

（2）**预防措施**　关注当地的中长期天气预报，合理选择反季节催花时间节点；及时摘除未老熟新梢抽生的畸形花，待枝蔓老熟，营养与内源激素相对平衡之后再统一促放花蕾；慎重使用生长调节剂，应在大量多年的小规模试验基础上，能够准确掌握技术之后再应用于生产。

5. 生长调节剂使用不当

（1）**病因**　施用激素类或促生长类植物生长调节剂，如赤霉素、草甘膦、2,4-D等容易导致果皮无法正常转色，部分熟透的果实果皮出现不规则绿色大斑块，甚至整果无法正常转色（图9-36）。

（2）**预防措施**　不使用或避免施用高浓度的生长调节剂。

图9-36　滥用赤霉素导致果皮无法正常转色

6. 果实过熟返青

（1）**病因**　部分品种如无刺红、以色列黄龙等的果实成熟后若不能及时采收，在植株上保留一段时间后，已经充分转色的果皮表面可能出现返青现象（图9-37）。此时表明果实已经过度成熟，果肉往往出现退糖，部分品种还可能出现种子在果实内部萌芽露白（胚根）的现象。

（2）**预防措施**　适时采收，避免果实成熟后留树时间过久。

图9-37　果实过熟返青

7. 花皮果

果实外皮出现锈斑、病虫异色斑、污染条斑、裂缝缺刻、结痂、隆起等其中一种或多种外观瑕疵，对外观影响大，对食用品质影响不大，但可能会降低商品价值的一类果实统称为花皮果（图9-38）。在生产中花皮果常常被销售商当作次品果或毛果降价收购，对果园的产值影响较大。管理不到位的果园，在夏季高温多雨和病虫害高发时段，花皮果的占比通常较高。花皮果产生的直接和间接诱因很多，应根据实际问题具体分析，找出其中的主要问题和关键影响因素，进行针对性预防控制。

图9-38　花皮果

（1）**病因**　①虫害。常见有果蝇、蚂蚁、象甲、蟥、蓟马等害虫，在花果发育的过程中咬食破坏皮层细胞，可直接留下虫害斑。②病害。疮痂病、溃疡病、煤烟病、病毒病等危害花果，可直接留下相应的病斑。③果实污染。火龙果花和幼果的气孔和皮孔较多。蜜露在果实表面长期黏附的位置会留下霉斑，容易招引害虫取食以及微生物滋生；受长时间浸润之处污水容易从气孔和皮孔渗进，进而引发附近细胞死亡、应激增生等导致果皮条状龟裂和褐色木栓化组织。④药害。火龙果花和幼果的表皮蜡质层较薄，皮层细胞幼嫩，对喷施的药液比较敏感。铜制剂、渗透剂、助剂、增效剂和农药混配，再加上药剂溶解不均匀、喷药重复或过量、快速蒸发浓缩等也可能导致果斑产生。⑤各种伤口引发的应激生长次生斑。果实伤口附近细胞的愈合、木栓化、角质化等应激生长均可能留下疤痕。⑥其他。过度暴晒、品种因素或其他等导致的果实表面产生细条裂纹斑。

（2）**预防措施**　①将重点茬次、大批次的开花结果期调节至春季、秋冬季等光照充足、干旱少雨、昼夜温差大的季节，提高在适宜气候时段所生产的果实在全年总产量中的占比。②在不良气候和花皮果高发时段，在大批次果实的幼蕾期、中蕾期、幼果期等易受害时期，选择广谱、安全的杀虫杀菌剂，科学用药、统防统治，及时保护花和果实。③开花后及时摘除黄化花冠，花果发育期保持果园清洁、通风、透光排水良好。

8.**裂果**　常见的有顶裂和腹裂（图9-39）。

（1）**病因**　有品种因素、结果枝率偏低、营养过剩、缺钙、水分不均衡、昼夜温差过大、采摘时间过迟等。

图9-39　裂　果

（2）**预防措施** ①选择不易裂果的品种。抗裂性强的品种多具有果脐长而窄、果皮较厚且韧性强的特点。②花和果实负载量合理。尤其是秋、冬季果宜保持结果枝率≥20%，避免结果枝率偏低、营养过剩导致裂果。③适时采收。当果实达到成熟采收的标准时应及时采收。④通过增施有机肥、含钙和中微量元素肥料、树盘覆盖有机质等改良土壤，提高土壤保水保肥力。⑤花果期注意病虫害防控。⑥对秋冬季果进行套袋。

七、病虫害综合防控

1. 果园病虫害暴发的条件 果园是否会暴发病虫害，需要三个方面的条件同时具备，一是病源、虫源的存在；二是有利于病虫害入侵、传播的外部环境条件；三是植株的抵抗能力较弱。只要其中一个条件不具备，病虫害就无法暴发。

2. 病虫害综合防控原则与通用措施 火龙果病虫害综合防控应树立"绿色优先，少用农药；预防为主，治疗为辅；早防早控，综合防治"的理念，坚持以"农业防治、物理防治、生物防治为主，化学农药防治为辅"的无害化控制原则，在做好清洁田园和营造良好生长环境的基础之上，重点对新梢生长期和大批次花果期进行病虫情观测预报，重点抓好"一病（溃疡病）三虫（蓟马、果实蝇、根结线虫）"防控，针对性防好突发、暴发性病虫害，对次要病虫害兼防兼治。

（1）**农业防治**

①良种健苗（控制传染源）。选择抗耐性强和生长势强的品种，建立无病留种繁苗基地，引进和种植无病健康苗木，尽量从源头上杜绝携带病苗进入新果园，进园和定植前进行苗木消毒。

②清洁田园（切断传播）。宜选择优生区和综合条件好的地块建园。创造良好的果树生长环境与不利于病虫害繁殖生长的环境，保持园地和周边环境通风透光、干爽清洁。起垄栽培，清除行间杂草。每年全面修剪病虫枝并进行清园，减少果园残留病虫源。出现枝条黄化或腐烂的斑点或枝条，要在天气晴好的时及时剪除发病部分。病虫枝花、果应集中进行无害化处理，带离果园深埋或焚烧。每年冬季修剪后各喷石硫合剂一次以铲除病虫源。

③健身栽培（保护易感对象）。合理密植，通过密植园的疏伐、修剪、疏芽、除枝、诱引、整穗、疏果、多施腐熟有机肥、避免使用未腐熟的有机肥或覆盖基质等措施创造良好土壤结构，避免结果枝过量生长。利用叶面施肥增强抗病性，通过培养健壮植株，增强植株对病虫害和不良环境的抗耐性。适期整齐放梢，避开病虫害发生和传播高峰期，使新梢和各茬次花果的物候期整齐一致，对大批次的新梢和花果进行必要的预防保护性喷药。

④生态栽培。营养良好果园生态环境，提倡科学的生草栽培。姬岩垂草在火龙果园行间地布上种植，可抑制杂草和生态降温。自然生草于其开花前后进行人工割草。

（2）**物理防治**　使用粘虫板、诱虫灯、害虫诱捕器等诱杀果蝇和夜蛾类害虫，或者使用灯光趋避害虫危害，重视果实套袋技术。

（3）**生物防控**　①增加果园有益生物，适当使用有益微生物菌肥。在果园周围种植蜜源植物，以创造有利于天敌繁殖的生态环境。②优先使用微生物源、植物源生物农药。③选用对捕食螨、食蚜蝇和食螨瓢虫等天敌杀伤力小的杀虫剂。④人工释放捕食性或寄生性天敌。

（4）**化学防控**

①绿色植保，科学用药。推荐使用对人体安全、环境友好的农药，不得使用未经国家有关部门登记的农药。

截至2021年7月1日，我国在火龙果农作物中登记的农药产品仅有噻嗪酮、噻虫嗪、阿维菌素、高效氯氰菊酯、咪鲜胺、吡唑醚菌酯、氟唑菌酰胺等共计50个产品（信息来源：http://www.chinapesticide.org.cn），主要是单剂（48个）、混剂仅2个（5.2%阿维菌素·高效氯氰菊酯乳油、2.4%吡唑醚菌酯·氟唑菌酰胺）。按有效成分，火龙果上登记的农药主要有效成分为嘧菌酯（18个）、噻虫嗪（12个）、噻嗪酮（11个）、咪鲜胺（6个）、吡唑醚菌酯（2个）。

目前，大部分农药没有在火龙果采后处理上登记，建议尽量使用绿色食品允许使用的农药进行消毒保鲜运输。

②抓住病虫害防治的关键时期进行统防统治。关键时期有病虫害发生早期，繁殖传播期，害虫孵化期和幼（若）虫期、越冬、苏醒期，大风大雨来临前和结束后，新梢抽生期，伸长期，大批（茬）次花蕾幼蕾期苞片紧闭时（图9-40）等。须高度重视并密切关注果园的病虫测

报，一旦达到风险预警级别，须立即迅速启动应急预案，抓住有利天气和时机进行针对性用药和统防统治。

图9-40　幼蕾期苞片紧闭时（左），中蕾期苞片开张（右）为蓟马提供藏身之处

3. 田间病虫害诊断标准化流程

①田间查看发生位置、个体症状、发生时期、发生规律、土壤类型、田间湿度等。

②查询天气。病虫害发生前后的天气状况，包括温度、降雨、土壤湿度等。

③调查农事操作。病虫害发生前后的农事管理与操作，包括施肥、用药、耕作、灌水、修剪等。

④了解过往发生情况。了解之前有无类似情况发生，发生时间、品种、程度、处理措施和防治效果。

⑤查询记录和综合诊断。

4. 农药混用

科学进行农药混配使用，能起到省工、高效、增效的作用；而盲目混配，不仅会降低效果，甚至易造成药害损失、安全事故等，切忌随意乱混！

（1）农药混用原则

①先小试再推广。对于从未使用过的农药或者混合药物配方应先小范围试验，确定效果良好以及无药害之后，再大面积推广应用。

②不改变物理性状。混合后不能出现浮油、乳化变性、变色、分层、絮结、悬浮率降低、有效成分结晶析出等现象，也不能出现发热、产生气泡等现象。一般同一剂型可混用；不同剂型之间，如可湿性

粉剂、乳油、浓乳剂、胶悬剂、水溶剂及以水为介质的液剂不宜任意混用。

③不引起化学变化。混合后不发生不良化学反应如酸碱中和、沉淀、水解、碱解、酸解、盐析或氧化还原反应等。许多药剂不能与碱性或酸性农药混用。

④毒性不增加或减少。农药混合后，要求不增加毒性，保证对人畜安全，中等毒性农药与低毒或低残留的农药混用，可降低其毒性或残留。

⑤使用方法尽可能一致。混合物中各组分在药效时间、施用部位及使用对象都应尽可能一致，能更好地发挥各自功效。

⑥不同作用方式的农药混用。杀虫剂有触杀、胃毒、熏蒸、内吸等作用方式，杀菌剂有保护、治疗、内吸等作用方式，将具有不同作用方式的药剂混用，可互相补充和提高防效。

⑦作用于不同虫态的杀虫剂混用，可提高防治效果。

⑧具有不同时效的农药混用。农药有的种类速效性防治效果好，但持效期短；有的速效性防效虽差，但作用时间长。这样的农药混用，不但施药后防效好，而且还可起到延长防治时间的作用。

⑨与增效剂混用。增效剂对病虫虽无直接毒杀作用，但与农药混用却能提高防治效果。

（2）**农药混用注意事项**

①注意溶解和配药的顺序。先加水后加药。混配的先后次序一般为：微量元素肥—大量元素肥—可湿性粉剂—水分散粒剂—悬浮剂—水乳剂—乳油—助剂；叶面肥—杀菌剂—杀虫剂。

②混配药剂种类宜少不宜多。原则上农药混配不要超过三种。

③药物溶解稀释应采用"二次稀释法"。先加水后加药，先小桶后大桶。每种药物先单独用一小桶加水稀释充分混合成母液，再按顺序倒进大桶或水池，每加入一种即应充分搅拌混匀，然后再加入下一种搅拌均匀。宜使用过滤净化水进行配药，若所使用的水硬度过高，钙、镁等离子含量过高，容易发生沉淀，降低药效。

（3）**药液应"现配现用"，选用合适的药械**　混配后的农药不宜久置和过夜。选用喷药压力宜大且气雾化充分的药械（雾滴宜达到纳米级别），喷洒均匀覆盖全面。

（4）**喷药时间**　喷药选择在下午17：00后或阴天进行"不见光打药"。

第 10 章

全程生产技术

火龙果栽培的本质是通过土、肥、水、药、形控等方面的农事管理，满足果树对肥、水、气、光、温的需求。火龙果栽培和果园管理时间跨度长，涉及广以及流程多，应制定直观的、可执行的全程生产技术，并根据立地条件及其他变化对局部进行调整，使技术体系既保持标准性又兼具弹性。

一、全程生产技术检索表

为方便火龙果园的标准化栽培系统性方案制定与技术的迭代升级，以物候期或技术事件为标志，按照时间先后顺序，从规划建园阶段（PP）起至成年树阶段（AP）的第一个年生长周期结束所涉及的栽培技术与田间工作逐一罗列形成全程生产技术检索表（表10-1）。

检索表的使用方法和说明如下：需要采取技术措施标记为"●"，不需要采取技术措施则标记为"○"。F1表示第一茬花果生长期（每年5～6月），包括春提早批、自然第1批至第6批，宜大批次留春提早批、自然第1批至第3批中的某些批次，使尽早达到满茬状态。F2表示第二茬花果生长期（每年7～8月），包括自然第7批至第12批，宜适时大批次留自然第8批至第9批，使之达到满茬，不宜过早或过晚。F3表示第三茬花果生长期（每年9～12月），包括自然第13批至第15批、秋延后批次，宜大批次留自然第15批、秋延后第1批至第2批次。

表10-1　全程生产技术检索表

一级阶段	二级阶段划分	三级阶段划分	事件物候标志		时间		技术事件										
			开始	结束	开始	结束	综管	土壤	水分	施肥	施药	控草	树形	产调	花果	采收	其他
PP建园阶段	PP1选址规划期	—	调研	策划书编写完成及租地合同签订	—	—	●	○	○	○	○	○	○	○	○	○	○
	PP2整地起畦期	—	整地	起畦完成	—	—	●	○	○	○	○	○	○	○	○	○	○
	PP3配套建设期	—	建规划组	建设完工	—	—	●	○	○	○	○	○	○	○	○	○	○

（续）

一级阶段	二级阶段划分	三级阶段划分	事件物候标志		时间		技术事件										
			开始	结束	开始	结束	综管	土壤	水分	施肥	施药	控草	树形	产调	花果	采收	其他
JP 幼年阶段	JP1 定植期	—	定植开始	定植完成	2月上旬	2月中旬	●	○	●	○	○	○	○	○	○	○	○
	JP2 缓苗期	—	定植完成	主蔓长1厘米	2月中旬	2月下旬	○	●	●	●	○	●	○	○	○	○	○
	JP3 主蔓生长期	JP3-1选芽定蔓期	主蔓长1厘米	主蔓长10厘米	2月下旬	3月上旬	○	○	●	●	●	○	●	○	○	○	○
		JP3-2第一道绑蔓期	主蔓长10厘米	主蔓长50厘米	3月上旬	3月下旬	●	○	●	●	●	○	●	○	○	○	○
		JP3-3二、三道绑蔓期	主蔓长50厘米	主蔓长100厘米	3月下旬	4月中旬	○	○	●	●	●	○	●	○	○	○	○
		JP3-4第四道绑蔓期	主蔓长100厘米	主蔓上架	4月中旬	4月下旬	●	○	●	●	●	○	●	○	○	○	○
		JP3-5第五道绑蔓期	主蔓上架	主蔓弯腰	4月下旬	5月中旬	○	○	●	●	●	●	●	○	○	○	○
		JP3-6第六道绑蔓期	主蔓弯腰	主蔓长50厘米	5月中旬	5月下旬	●	○	●	●	●	○	●	○	○	○	○
		JP3-7主蔓打顶期	主蔓长50厘米	主蔓打顶	5月下旬	6月上旬	○	●	●	●	●	○	●	○	○	○	○
	JP4 第一批结果枝生长期	JP4-1第一批结果枝抽生期	新梢长5厘米	新梢长10厘米	6月上旬	6月中旬	●	○	●	●	●	○	●	○	○	○	○
		JP4-2第一批结果枝伸长期	新梢长10厘米	新梢长80厘米	6月中旬	7月上旬	○	○	●	●	●	○	●	○	○	○	○
		JP4-3第一批结果枝平伸期	新梢长80厘米	新梢长90厘米	7月上旬	7月下旬	●	○	●	●	●	○	●	○	○	○	○
		JP4-4第一批结果枝打顶期	新梢长90厘米	打顶长完成	7月下旬	8月中旬	○	○	●	●	●	○	●	○	○	○	○

（续）

一级阶段	二级阶段划分	三级阶段划分	事件物候标志 开始	事件物候标志 结束	时间 开始	时间 结束	综管	土壤	水分	施肥	施药	控草	树形	产调	花果	采收	其他
JP 幼年阶段	JP5 第二批结果枝生长期	JP5-1第二批结果枝抽生期	新梢长5厘米	新梢长10厘米	8月中旬	9月上旬	●	○	●	●	●	○	●	○	○	○	○
		JP5-2第二批结果枝伸长期	新梢长10厘米	新梢长80厘米	9月上旬	9月中旬	○	○	●	●	●	●	●	○	○	○	○
		JP5-3第二批结果枝平伸期	新梢长80厘米	新梢长90厘米	9月中旬	10月上旬	●	○	●	●	●	○	●	○	○	○	○
		JP5-4第二批结果枝打顶期	新梢长90厘米	打顶完成	10月上旬	12月下旬	○	○	●	●	●	●	●	○	○	○	●
APx 成年阶段第x年	V1 相对休眠期	—	采果结束	新梢长5厘米	1月上旬	2月下旬	●	●	●	○	●	○	●	○	○	○	○
	V2 春梢生长期	V2-1春梢抽生期	新梢长5厘米	新梢长10厘米	2月下旬	3月上旬	○	○	●	●	●	●	●	○	○	○	○
		V2-2春梢伸长期	新梢长10厘米	新梢长80厘米	3月上旬	4月中旬	●	○	●	●	●	●	●	○	○	○	○
		V2-3春梢平伸期	新梢长80厘米	新梢长90厘米	4月中旬	4月下旬	●	○	●	●	●	○	●	○	○	○	○
		V2-4春梢打顶期	新梢长90厘米	打顶完成	4月下旬	5月上旬	○	○	●	●	●	●	●	○	○	○	○
	F1 第一茬花果期	F1-Bx-1第一茬花果现蕾前	无标志	花蕾长1~2厘米	4月下旬	5月上旬	●	○	●	●	●	○	○	○	●	○	○
		F1-Bx-2第一茬花果花蕾期	花蕾长1~2厘米	首花开放	现蕾1天	现蕾14天	○	○	●	●	●	○	●	○	●	○	○
		F1-Bx-3第一茬花果盛花期	首花开放	末花开放	现蕾14天	现蕾16天	○	○	●	○	●	○	●	○	●	○	○
		F1-Bx-4第一茬花果离层期	末花开放	花冠黄化	花后1天	花后5天	●	○	●	○	●	○	○	○	●	●	○

（续）

一级阶段	二级阶段划分	三级阶段划分	事件物候标志		时间		技术事件										
			开始	结束	开始	结束	综管	土壤	水分	施肥	施药	控草	树形	产调	花果	采收	其他
APx 成年阶段 等x年	F1 第一茬花果期	F1-Bx-5 第一茬花果幼果期	果径4厘米	果径6厘米	花后5天	花后12天	○	○	●	●	●	○	○	○	●	○	○
		F1-Bx-6 第一茬花果中果期	果径6厘米	果径8厘米	花后12天	花后20天	●	○	●	○	●	○	○	○	●	○	○
		F1-Bx-7 第一茬花果成熟期	果径8厘米	果皮始红	花后20天	花后28天	○	○	●	○	●	○	○	○	●	○	○
		F1-Bx-8 第一茬花果采收期	果皮始红	果皮完红	花后28天	花后35天	○	○	●	○	●	○	○	○	●	●	○
	F2 第二茬花果期	F2-Bx-1 第二茬花果现蕾前	无花无果	花蕾长1~2厘米	7月中旬	7月下旬	●	●	●	●	●	●	●	●	○	○	●
		F2-Bx-2 第二茬花果花蕾期	花蕾长1~2厘米	首花开放	现蕾1天	现蕾14天	○	○	●	●	●	●	●	●	○	○	○
		F2-Bx-3 第二茬花果盛花期	首花开放	末花开放	现蕾14天	现蕾16天	●	○	●	●	●	○	○	●	●	○	○
		F2-Bx-4 第二茬花果离层期	末花开放	花冠黄化	花后1天	花后5天	●	○	●	●	●	○	○	●	●	○	○
		F2-Bx-5 第二茬花果幼果期	果径4厘米	果径6厘米	花后5天	花后12天	○	○	●	●	●	○	○	○	●	○	○
		F2-Bx-6 第二茬花果中果期	果径6厘米	果径8厘米	花后12天	花后20天	●	○	●	○	●	○	○	○	●	○	○
		F2-Bx-7 第二茬花果成熟期	果径8厘米	果皮始红	花后20天	花后28天	○	○	●	○	●	○	○	○	●	○	○
		F2-Bx-8 第二茬花果采收期	果皮始红	果皮完红	花后28天	花后35天	○	○	○	○	○	○	○	○	●	●	○

（续）

一级阶段	二级阶段划分	三级阶段划分	事件物候标志		时间		技术事件										
			开始	结束	开始	结束	综管	土壤	水分	施肥	施药	控草	树形	产调	花果	采收	其他
APx成年阶段等x年	F3第三茬花果期	F3-Bz-1 第三茬花果现蕾前	无标志	花蕾长1~2厘米	4月下旬	5月上旬	●	○	●	●	○	○	●	●	●	○	○
		F3-Bz-2 第三茬花果花蕾期	花蕾长1~2厘米	首花开放	现蕾1天	现蕾14天	○	○	●	●	●	●	●	○	●	○	○
		F3-Bz-3 第三茬花果开花期	首花开放	末花开放	现蕾14天	现蕾16天	○	○	●	●	●	●	○	○	●	○	○
		F3-Bz-4 第三茬花果离层期	末花开放	花冠黄化	花后1天	花后5天	●	○	●	●	○	●	○	○	●	○	○
		F3-Bz-5 第三茬花果幼果期	果径4厘米	果径6厘米	花后5天	花后12天	○	○	●	●	●	○	○	○	●	○	○
		F3-Bz-6 第三茬花果中果期	果径6厘米	果径8厘米	花后12天	花后20天	●	○	●	●	●	○	○	○	●	○	○
		F3-Bz-7 第三茬花果成熟期	果径8厘米	果皮始红	花后20天	花后28天	○	○	●	●	○	○	○	○	●	○	○
		F3-Bz-8 第三茬花果采收期	果皮始红	果皮完红	花后28天	花后35天	○	○	○	○	○	○	○	○	●	●	●

二、全程生产技术细化表

在"全程生产技术检索表"的基础之上，对管理事件的具体技术措施进一步细化，形成"全程生产技术细化表"（表10-2），供规模化果园在日常生产管理的过程参照实施，但在执行之前需将每一项技术全面、准确、详尽地明确，并转化制定成操作规程，方能真正执行到位。

火龙果栽培生产的地域性、季节性、周期性及果园实际情况的多样性，决定了栽培技术有模式而无固定模式。换言之，须建立符合本火龙果园实际的全程生产技术模式，通过"计划管理变化，标准管控质量"，在实际贯彻的过程当中，应在主体技术框架相对固定的前提下，不断地完善、更新迭代技术体系版本以及根据新变化新情况等作出相应调整，方能成为可实施可落地的本园方案。

表10-2　全程生产技术细化表

时期	事件	具体技术措施	监测项目与参数
项目策划期	综合管理	—	—
园地选择期	综合管理	—	—
园区规划期	综合管理	—	—
园区建设期	综合管理	—	—
	土壤	一犁两耙，施石灰粉调节土壤pH，整理种植畦	—
	施肥	混合有机肥5 000千克/亩，钙镁磷肥100千克/亩	—
定植期 2月上旬 至2月中旬	综合管理	月度例会，通报、总结、学习培训、沟通、嘉奖等	—
	水分	淋足定根水，使田间持水量80%	—
缓苗期 （2月中旬至 2月下旬）	土壤	覆盖半基质，每亩8～10米³	—
	水分	若根际黄墒，滴水使田间持水量60%～80%	土壤湿度
	控草	及早清除树盘杂草，行间杂草喷除草剂	树盘杂草高度<20厘米
选芽定蔓期 （2月下旬至 3月上旬）	水分	若根际黄墒，滴水使田间持水量60%～80%或含水量15.5%～18.5%	土壤湿度
	施肥	冲施肥2千克/亩、尿素1千克/亩、硫酸钾1千克/亩、硝酸钙1千克/亩、硫酸镁0.5千克/亩、硼酸0.1千克/亩、硫酸锌0.1千克/亩，1次	土壤养分

（续）

时期	事件	具体技术措施	监测项目与参数
选芽定蔓期（2月下旬至3月上旬）	施药	根据病虫情测报选药用药，进行新梢病虫害防治第一次喷药	病虫情测报
	树形	选留最强新芽，绑蔓，去除其余新芽	物体形状识别仪
第一道绑蔓期（3月上旬至3月下旬）	综合管理	月度例会，总结、学习培训等	—
	水分	若根际黄墒，滴水使田间持水量保持在60%～80%	土壤含水量观测仪
	施肥	冲施肥2千克/亩、尿素1千克/亩、硫酸钾1千克/亩、硝酸钙1千克/亩、硫酸镁0.5千克/亩、硼酸0.1千克/亩、硫酸锌0.1千克/亩，1次	土壤养分
	控草	及早清除树盘杂草，行间杂草喷除草剂	树盘杂草高度<20厘米
	树形	进行第一道绑蔓，将主蔓绑缚固定	枝蔓生长量
二、三道绑蔓期（3月下旬至4月中旬）	水分	若根际黄墒，滴水使田间持水量保持在60%～80%	土壤湿度
	施肥	冲施肥2千克/亩、尿素1千克/亩、硫酸钾1千克/亩、硝酸钙1千克/亩、硫酸镁0.5千克/亩、硼酸0.1千克/亩、硫酸锌0.1千克/亩，1次	土壤养分
	施药	根据病虫情测报选药用药，进行新梢病虫害防治第二次喷药	病虫情测报
	树形	进行第二、三道绑蔓，阉刺，将主蔓绑缚固定	枝蔓生长量
第四道绑蔓期（4月中旬至4月下旬）	综合管理	月度例会，总结、学习培训等	—
	水分	若根际黄墒，滴水使田间持水量保持在60%～80%	土壤湿度
	施肥	冲施肥2千克/亩、尿素1千克/亩、硫酸钾1千克/亩、硝酸钙1千克/亩、硫酸镁0.5千克/亩、硼酸0.1千克/亩、硫酸锌0.1千克/亩，1次	土壤养分
	树形	进行第四道绑蔓，阉刺，将主蔓绑缚固定	枝蔓生长量

（续）

时期	事件	具体技术措施	监测项目与参数
第五道绑蔓期（4月下旬至5月中旬）	水分	若根际黄墒，滴水使田间持水量保持在60%～80%	土壤湿度
	施肥	冲施肥2千克/亩、尿素1千克/亩、硫酸钾1千克/亩、硝酸钙1千克/亩、硫酸镁0.5千克/亩、硼酸0.1千克/亩、硫酸锌0.1千克/亩，1次	土壤养分
	施药	根据病虫情测报选药用药，进行新梢病虫害防治第三次喷药	病虫情测报
	控草	及早清除树盘杂草，行间杂草喷除草剂	—
	树形	进行上架绑蔓，背拱阉刺，将主蔓绑缚固定	枝蔓生长量
第六道蔓期（5月中旬至5月下旬）	综合管理	月度例会，总结、学习培训等	—
	水分	若根际黄墒，滴水使田间持水量60%～80%；检查并保持排水系统通畅	土壤湿度
	施肥	冲施肥2千克/亩、尿素1千克/亩、硫酸钾1千克/亩、硝酸钙1千克/亩、硫酸镁0.5千克/亩、硼酸0.1千克/亩、硫酸锌0.1千克/亩，1次	土壤养分
	树形	进行弯腰绑蔓，尾垂阉刺，将主蔓绑缚固定	枝蔓生长量
主蔓打顶期（5月下旬至6月上旬）	土壤	树盘中耕除草	—
	水分	若根际黄墒，滴水使田间持水量60%～80%	土壤湿度
	施肥	冲施肥2千克/亩、尿素1千克/亩、硫酸钾1千克/亩、硝酸钙1千克/亩、硫酸镁0.5千克/亩、硼酸0.1千克/亩、硫酸锌0.1千克/亩，1次	土壤养分
	控草	及早清除树盘杂草，行间杂草喷除草剂	—
	树形	在距离畦面30～40厘米处进行主蔓打顶	枝蔓生长量
第一批结果枝抽生期（6月上旬至6月中旬）	综合管理	月度例会，总结、学习培训等	—
	水分	若根际黄墒，滴水使田间持水量保持在60%～80%	土壤湿度
	施肥	冲施肥2千克/亩、尿素1千克/亩、硫酸钾1千克/亩、硝酸钙1千克/亩、硫酸镁0.5千克/亩、硼酸0.1千克/亩、硫酸锌0.1千克/亩，1次	土壤养分

（续）

时期	事件	具体技术措施	监测项目与参数
第一批结果枝抽生期（6月上旬至6月中旬）	施药	根据病虫情测报选药用药，进行新梢病虫害防治第一次喷药	病虫情测报
	树形	在主蔓预留芽位置两侧，各选留1个新芽，优先留低节位芽，其余新芽及早进行留桩修剪	枝蔓生长量
第一批结果枝伸长期（6月中旬至7月上旬）	水分	若根际黄墒，滴水使田间持水量保持在60%～80%	—
	施肥	冲施肥2千克/亩、尿素1千克/亩、硫酸钾1千克/亩、硝酸钙1千克/亩、硫酸镁0.5千克/亩、硼酸0.1千克/亩、硫酸锌0.1千克/亩，1次	土壤养分
	施药	根据病虫情测报选药用药，进行新梢病虫害防治第二次喷药	病虫情测报
	控草	及早清除树盘杂草，行间杂草喷除草剂	—
	树形	对直立新梢进行扭枝、拉枝、拿枝、曲枝等	枝蔓生长量
第一批结果枝平伸期（7月上旬至7月下旬）	综合管理	月度例会，总结、学习培训等	—
	水分	若根际黄墒，滴水使田间持水量保持在60%～80%	土壤湿度
	施肥	冲施肥2千克/亩、尿素1千克/亩、硫酸钾1千克/亩、硝酸钙1千克/亩、硫酸镁0.5千克/亩、硼酸0.1千克/亩、硫酸锌0.1千克/亩，1次	土壤养分
	施药	根据病虫情测报选药用药，进行新梢病虫害防治第三次喷药	病虫情测报
	树形	对直立新梢进行扭枝、拉枝、拿枝、曲枝等	枝蔓生长量
第一批结果枝打顶期（7月下旬至8月中旬）	水分	若根际黄墒，滴水使田间持水量保持在60%～80%	土壤湿度
	施肥	冲施肥2千克/亩、尿素1千克/亩、硫酸钾1千克/亩、硝酸钙1千克/亩、硫酸镁0.5千克/亩、硼酸0.1千克/亩、硫酸锌0.1千克/亩，1次	土壤养分
	控草	及早清除树盘杂草，行间杂草喷除草剂	—
	树形	在距离畦面30～40厘米处进行主蔓掐尖打顶	枝蔓生长量

（续）

时期	事件	具体技术措施	监测项目与参数
第二批结果枝抽生期（8月中旬至9月上旬）	综合管理	月度例会，总结、学习培训等	—
	水分	若根际黄墒，滴水使田间持水量保持在60%～80%	土壤湿度
	施肥	冲施肥2千克/亩、尿素1千克/亩、硫酸钾1千克/亩、硝酸钙1千克/亩、硫酸镁0.5千克/亩、硼酸0.1千克/亩、硫酸锌0.1千克/亩，1次	土壤养分
	施药	根据病虫情测报选药用药，进行新梢病虫害防治第一次喷药	病虫情测报
	树形	在主蔓预留芽位置两侧，各选留1～2个新芽，优先留低节位芽，其余新芽及早进行留桩修剪	枝蔓生长量
第二批结果枝伸长期（9月上旬至9月中旬）	水分	若根际黄墒，滴水使田间持水量60%～80%	土壤湿度
	施肥	冲施肥2千克/亩、尿素1千克/亩、硫酸钾1千克/亩、硝酸钙1千克/亩、硫酸镁0.5千克/亩、硼酸0.1千克/亩、硫酸锌0.1千克/亩，1次	土壤养分
	施药	根据病虫情测报选药用药，进行新梢病虫害防治第二次喷药	病虫情测报
	控草	及早清除树盘杂草，行间杂草喷除草剂	—
	树形	对直立新梢进行扭枝、拉枝、拿枝、曲枝等	枝蔓生长量
第二批结果枝平伸期（9月中旬至10月上旬）	综合管理	月度例会，总结、学习培训等	—
	水分	若根际黄墒，滴水使田间持水量保持在60%～80%	土壤湿度
	施肥	冲施肥2千克/亩、尿素1千克/亩、硫酸钾1千克/亩、硝酸钙1千克/亩、硫酸镁0.5千克/亩、硼酸0.1千克/亩、硫酸锌0.1千克/亩，1次	土壤养分
	施药	根据病虫情测报选药用药，进行新梢病虫害防治第三次喷药	病虫情测报
	树形	对直立新梢进行扭枝、拉枝、拿枝、曲枝等	枝蔓生长量
第二批结果枝打顶期（10月上旬至12月下旬）	水分	若根际黄墒，滴水使田间持水量保持在60%～80%；12月中旬起，若无霜冻等特殊情况，停止滴水	土壤湿度
	施肥	冲施肥2千克/亩、尿素1千克/亩、硫酸钾1千克/亩、硝酸钙1千克/亩、硫酸镁0.5千克/亩、硼酸0.1千克/亩、硫酸锌0.1千克/亩，1次	土壤养分

（续）

时期	事件	具体技术措施	监测项目与参数
第二批结果枝打顶期（10月上旬至12月下旬）	控草	及早清除树盘杂草，行间杂草喷除草剂	—
	树形	在距离畦面30～40厘米处进行第二批枝掐尖打顶	枝蔓生长量
	其他	冷库、机械设备设施维护保养，年度总结	—
相对休眠期（1月上旬至2月下旬）	综合管理	年度例会，通报、总结、学习培训、沟通、嘉奖等	—
	土壤	结合施用有机肥，进行轮边改土，施石灰粉调节土壤pH	土壤pH
	施肥	混合有机肥4 000千克/亩、钙镁磷肥100千克/亩	土壤养分
	树形	冬季修剪清园，剪除冻伤严重枝等异常枝	枝蔓生长量
春梢抽生期（2月下旬至3月上旬）	水分	若根际黄墒，滴水使田间持水量保持在60%～80%	土壤湿度
	施肥	冲施肥2千克/亩、尿素1千克/亩、硫酸钾4千克/亩、硝酸钙1千克/亩、硫酸镁1千克/亩、硼酸0.15千克/亩、硫酸锌0.15千克/亩，2次	电导率，土壤湿度，酸度计，枝梢长度计
	施药	根据病虫情测报选药用药，进行新梢病虫害防治第一次喷药以及根结线虫防治	病虫情测报
	树形	在主蔓预留芽位置两侧，各选留1～2个新芽，多余新芽及早进行不留桩修剪，第三年后奇偶位枝轮换留芽	枝蔓生长量
春梢生长期（3月上旬至4月中旬）	综合管理	月度例会，总结、学习培训等	○
	水分	若根际黄墒，滴水使田间持水量保持在60%～80%	土壤湿度
	施肥	冲施肥1千克/亩、尿素2.5千克/亩、硫酸钾4千克/亩、硝酸钙1千克/亩、硫酸镁0.5千克/亩、硼酸0.1千克/亩、硫酸锌0.1千克/亩，3次	电导率，土壤湿度，酸度计，枝梢长度计
	施药	根据病虫情测报选药用药，进行新梢病虫害防治第二次喷药以及根结线虫防治	病虫情测报
	控草	及早清除树盘杂草，行间杂草喷除草剂	

（续）

时期	事件	具体技术措施	监测项目与参数
春梢伸长期（3月上旬至4月中旬）	树形	对直立新梢进行扭枝、拉枝、拿枝、曲枝等，不留桩修剪剪除非预留芽位置上抽生的新芽	枝蔓生长量
	产调	18：30～23：00补光催花，下半夜换片区开灯	—
春梢平伸期（4月中旬至4月下旬）	综合管理	月度例会，总结、学习培训等	—
	水分	若根际黄墒，滴水使田间持水量保持在60%～80%	土壤湿度
	施肥	冲施肥2千克/亩、尿素2.5千克/亩、硫酸钾4千克/亩、硝酸钙1千克/亩、硫酸镁0.5千克/亩、硼酸0.1千克/亩、硫酸锌0.1千克/亩，1次	土壤养分
	施药	根据病虫情测报选药用药，进行新梢病虫害防治第三次喷药	病虫情测报
	树形	对直立新梢进行扭枝、拉枝、拿枝、曲枝等，"不留桩修剪"剪除非预留芽位置上抽生的新芽	枝蔓生长量
	产调	18：30～23：00补光催花，下半夜换片区开灯	温度
春梢打顶期（4月下旬至5月上旬）	水分	若根际黄墒，滴水使田间持水量保持在60%～80%	土壤湿度
	施肥	冲施肥2千克/亩、尿素2.5千克/亩、硫酸钾4千克/亩、硝酸钙1千克/亩、硫酸镁0.5千克/亩、硼酸0.1千克/亩、硫酸锌0.1千克/亩，1次	土壤养分
	控草	及早清除树盘杂草，行间杂草喷除草剂	—
	树形	在距离畦面30～40厘米处进行春梢掐尖打顶	枝蔓生长量
	产调	补光结束	成花枝率
	花果	若有提前批次开花，疏蕾摘除黄化花冠等按其他批次管理	成花枝率
第x批现蕾前（4月下旬至5月上旬）	综合管理	月度例会，总结、学习培训等	
	水分	与春梢打顶期同步重叠	土壤湿度
	施肥	与春梢打顶期同步重叠	土壤养分
	花果	与春梢打顶期同步重叠	花果计数器

（续）

时期	事件	具体技术措施	监测项目与参数
第x批花蕾期（4月下旬至5月上旬）	水分	若根际黄墒，滴水使田间持水量保持在60%～80%	土壤湿度
	施肥	冲施肥2千克/亩、尿素1千克/亩、硫酸钾4千克/亩、硝酸钙2千克/亩、硫酸镁0.5千克/亩、硼酸0.1千克/亩、硫酸锌0.1千克/亩，1次	土壤养分
	施药	根据病虫情测报选药用药，于第一茬大批次中蕾期进行病虫害防治	病虫情测报
	花果	若第一茬总体成花枝率仍不足，继续留后续批次的花蕾，直至总体成花枝率达40%～50%	成花枝率
第x批开花期（5月上旬至5月中旬）	水分	若根际黄墒，滴水使田间持水量保持在60%～80%；若遇高温喷水30分钟	气温计（白昼>35℃）
	施肥	冲施肥2千克/亩、尿素1千克/亩、硫酸钾4千克/亩、硝酸钙2千克/亩、硫酸镁0.5千克/亩、硼酸0.1千克/亩、硫酸锌0.1千克/亩，1次	土壤养分
	控草	及早清除树盘杂草，行间杂草喷除草剂	
	花果	若遇雨套袋保花；若第一茬总体成花枝率仍不足，继续留后续批次的花蕾直至补足；若已留足，摘除后续批次多余花蕾	结果枝率
第x批离层期（5月中旬至5月下旬）	综合管理	月度例会，总结、学习培训等	—
	水分	若根际黄墒，滴水使田间持水量保持在60%～80%；检查并保持排水系统通畅	土壤湿度
	施肥	冲施肥2千克/亩、尿素1千克/亩、硫酸钾4千克/亩、硝酸钙2千克/亩、硫酸镁0.5千克/亩、硼酸0.1千克/亩、硫酸锌0.1千克/亩，1次	土壤养分
	花果	开花后4～6天摘除黄化花冠	—
第x批幼果期（5月下旬至6月上旬）	水分	若根际黄墒，滴水使田间持水量60%～80%	土壤湿度
	施肥	冲施肥2千克/亩、尿素2千克/亩、硫酸钾4千克/亩、硝酸钙2千克/亩、硫酸镁0.5千克/亩、硼酸0.1千克/亩、硫酸锌0.1千克/亩，1次	土壤养分
	施药	根据病虫情测报选药用药，进行果实第一次病虫害防治	病虫情测报

（续）

时期	事件	具体技术措施	监测项目与参数
第x批幼果期（5月下旬至6月上旬）	花果	开花后7～10天幼果分大小时，剪除授粉异常小果。若第一茬总体结果枝率不足，继续留足；若已留足，摘除多余花蕾	—
第x批中果期（6月上旬至6月中旬）	综合管理	月度例会，总结、学习培训等	—
	水分	若根际黄墒，滴水使田间持水量保持在60%～80%；若遇高温喷水30分钟降温	土壤湿度
	施肥	冲施肥2千克/亩、尿素2千克/亩、硫酸钾4千克/亩、硝酸钙2千克/亩、硫酸镁0.5千克/亩、硼酸0.1千克/亩、硫酸锌0.1千克/亩，1次	土壤养分
	施药	根据病虫情测报选药用药，进行果实第二次病虫害防治	病虫情测报
	花果	根据气候和目标，决定是否进行果实套袋。若第一茬总体结果枝率不足，继续留足；若已留足，摘除多余花蕾	结果枝率
第x批成熟期（6月上旬至6月中旬）	水分	若根际黄墒，滴水使田间持水量保持在60%～80%；若遇高温喷水30分钟降温	土壤湿度
	施肥	冲施肥2千克/亩、尿素1千克/亩、硫酸钾4千克/亩、硝酸钙2千克/亩、硫酸镁0.5千克/亩、硼酸0.1千克/亩、硫酸锌0.1千克/亩，1次	土壤养分
	花果	若已套袋，拆除套袋；若第一茬总体结果枝率不足，继续留足；若已留足，摘除多余花蕾	结果枝率
第x批采收期（6月中旬至7月上旬）	水分	若根际黄墒，滴水使田间持水量保持在60%～80%；若遇高温喷水30分钟降温	土壤湿度
	施肥	冲施肥2千克/亩、尿素1千克/亩、硫酸钾4千克/亩、硝酸钙2千克/亩、硫酸镁0.5千克/亩、硼酸0.1千克/亩、硫酸锌0.1千克/亩，1次	土壤养分
	花果	若已套袋，继续拆除套袋；若第一茬总体结果枝率不足，继续留足；若已留足，摘除多余花蕾	结果枝率
	采收	果实采收	该批次产量

（续）

时期	事件	具体技术措施	监测项目与参数
第y批现蕾前 （7月上旬至 7月中旬）	综合管理	月度例会，总结、学习培训等	—
	土壤	树盘中耕除草	—
	水分	若根际黄墒，滴水使田间持水量保持在60%～80%；若遇高温喷水30分钟降温	土壤湿度
	施肥	冲施肥2千克/亩、尿素2千克/亩、硫酸钾4千克/亩、硝酸钙2千克/亩、硫酸镁0.5千克/亩、硼酸0.1千克/亩、硫酸锌0.1千克/亩，1次	土壤养分
	树形	剪除夏芽，不留桩修剪	枝蔓生长量
	产调	摘除后续批次花蕾	结果枝率
	花果	第一茬后续批次果实陆续采收，7月中旬前采收完第一茬	该批次产量
第y批花蕾期 （7月下旬至 8月上旬）	水分	若根际黄墒，滴水使田间持水量保持在60%～80%；若遇高温喷水30分钟降温	土壤湿度
	施肥	冲施肥2千克/亩、尿素2千克/亩、硫酸钾4千克/亩、硝酸钙2千克/亩、硫酸镁0.5千克/亩、硼酸0.1千克/亩、硫酸锌0.1千克/亩，1次	土壤养分
	施药	根据病虫情测报选药用药，于第二茬大批次中蕾期进行病虫害防治	病虫情测报
	控草	及早清除树盘杂草，行间杂草喷除草剂	—
	花果	放留第二茬，总体成花枝率仍不足，继续留后续批次的花蕾，直至总体成花枝率达25%～30%	成花枝率
第y批开花期 （8月上旬至 8月中旬）	水分	若根际黄墒，滴水使田间持水量保持在60%～80%；若遇高温喷水30分钟降温	土壤湿度
	施肥	冲施肥2千克/亩、尿素2千克/亩、硫酸钾4千克/亩、硝酸钙2千克/亩、硫酸镁0.5千克/亩、硼酸0.1千克/亩、硫酸锌0.1千克/亩，1次	土壤养分
	花果	若遇雨套袋保花；若第二茬总体成花枝率仍不足，继续留后续批次的花蕾直至补足；若已留足，摘除后续批次多余花蕾	成花枝率

（续）

时期	事件	具体技术措施	监测项目与参数
第y批离层期 （8月上旬至 8月中旬）	综合管理	月度例会，总结、学习培训等	—
	水分	若根际黄墒，滴水使田间持水量保持在60%～80%	土壤湿度
	施肥	冲施肥2千克/亩、尿素2千克/亩、硫酸钾4千克/亩、硝酸钙2千克/亩、硫酸镁0.5千克/亩、硼酸0.1千克/亩、硫酸锌0.1千克/亩，1次	土壤养分
	花果	开花后4～6天摘除黄化花冠	—
第y批幼果期 （8月中旬至 8月下旬）	水分	若根际黄墒，滴水使田间持水量保持在60%～80%；若遇高温喷水30分钟降温	土壤湿度
	施肥	冲施肥2千克/亩、尿素2千克/亩、硫酸钾4千克/亩、硝酸钙2千克/亩、硫酸镁0.5千克/亩、硼酸0.1千克/亩、硫酸锌0.1千克/亩，1次	土壤养分
	施药	根据病虫情测报选药用药，进行果实第一次病虫害防治	病虫情测报
	花果	开花后7～10天幼果分大小时，剪除授粉异常小果。摘除后续批次的全部花蕾	结果枝率
第y批中果期 （8月中旬至 8月下旬）	综合管理	月度例会，总结、学习培训等	—
	水分	若根际黄墒，滴水使田间持水量保持在60%～80%	土壤湿度
	施肥	冲施肥2千克/亩、尿素2千克/亩、硫酸钾4千克/亩、硝酸钙2千克/亩、硫酸镁0.5千克/亩、硼酸0.1千克/亩、硫酸锌0.1千克/亩，1次	土壤养分
	施药	根据病虫情测报选药用药，进行果实第二次病虫害防治	病虫情测报
	花果	根据气候和目标，决定是否进行果实套袋	气温
第y批成熟期 （9月上旬至 9月中旬）	水分	若根际黄墒，滴水使田间持水量保持在60%～80%；若遇高温喷水30分钟降温	土壤湿度
	施肥	冲施肥2千克/亩、尿素1千克/亩、硫酸钾4千克/亩、硝酸钙2千克/亩、硫酸镁0.5千克/亩、硼酸0.1千克/亩、硫酸锌0.1千克/亩，1次	土壤养分
	花果	若已套袋，拆除套袋；继续摘除陆续批次花蕾	—

（续）

时期	事件	具体技术措施	监测项目与参数
第y批采收期（9月上旬至9月中旬）	花果	若已套袋，拆除套袋	—
	采收	第二茬后续批次果实陆续采收，9月中旬前采收完第二茬	该批次产量
第z批现蕾前（9月中旬至9月下旬）	综合管理	月度例会，总结、学习培训等	—
	水分	若根际黄墒，滴水使田间持水量保持在60%～80%	土壤湿度
	施肥	冲施肥2千克/亩、尿素2千克/亩、硫酸钾4千克/亩、硝酸钙2千克/亩、硫酸镁0.5千克/亩、硼酸0.1千克/亩、硫酸锌0.1千克/亩，1次	土壤养分
	树形	剪除秋梢，不留桩修剪	枝蔓生长量
	产调	18：45～23：00补光催花，下半夜换片区开灯	温度
	花果	摘除后续批次花蕾	—
第z批花蕾期（9月下旬至10月中下旬）	水分	若根际黄墒，滴水使田间持水量保持在60%～80%	土壤湿度
	施肥	冲施肥2千克/亩、尿素2千克/亩、硫酸钾4千克/亩、硝酸钙2千克/亩、硫酸镁0.5千克/亩、硼酸0.1千克/亩、硫酸锌0.1千克/亩，1次	土壤养分
	施药	根据病虫情测报选药用药，于第三茬大批次中蕾期进行病虫害防治	病虫情测报
	控草	及早清除树盘杂草，行间杂草喷除草剂	—
	花果	放留第三茬，总体成花枝率仍不足，继续留后续批次的花蕾，直至总体成花枝率达45%～60%	成花枝率
第z批开花期（10月中旬至10月下旬）	水分	若根际黄墒，滴水使田间持水量保持在60%～80%	土壤湿度
	施肥	冲施肥2千克/亩、尿素2千克/亩、硫酸钾4千克/亩、硝酸钙2千克/亩、硫酸镁0.5千克/亩、硼酸0.1千克/亩、硫酸锌0.1千克/亩，1次	土壤养分
	花果	若遇雨套袋保花；若第三茬总体成花枝率仍不足，继续留后续批次直至补足45%～60%；若已留足，摘除后续批次多余花蕾	成花枝率

（续）

时期	事件	具体技术措施	监测项目与参数
第z批离层期（10月下旬至11月上旬）	综合管理	月度例会，总结、学习培训等	—
	水分	若根际黄墒，滴水使田间持水量保持在60%～80%	土壤湿度
	施肥	冲施肥2千克/亩、尿素2千克/亩、硫酸钾4千克/亩、硝酸钙2千克/亩、硫酸镁0.5千克/亩、硼酸0.1千克/亩、硫酸锌0.1千克/亩，1次	土壤养分
	花果	开花后4～6天摘除黄化花冠	—
第z批幼果期（11月上旬至11月中旬）	水分	若根际黄墒，滴水使田间持水量保持在60%～80%	土壤湿度
	施肥	冲施肥2千克/亩、尿素2千克/亩、硫酸钾4千克/亩、硝酸钙2千克/亩、硫酸镁0.5千克/亩、硼酸0.1千克/亩、硫酸锌0.1千克/亩，2次	土壤养分
第z批幼果期（11月上旬至11月中旬）	施药	根据病虫情测报选药用药，进行果实第一次病虫害防治	病虫情测报
	花果	开花后7～10天幼果分大小时，剪除授粉异常小果。摘除后续批次的全部花蕾	结果枝率
第z批中果期（11月下旬至12月上旬）	综合管理	月度例会，总结、学习培训等	—
	水分	若根际黄墒，滴水使田间持水量保持在60%～80%	土壤湿度
	施肥	冲施肥2千克/亩、尿素2千克/亩、硫酸钾4千克/亩、硝酸钙2千克/亩、硫酸镁0.5千克/亩、硼酸0.1千克/亩、硫酸锌0.1千克/亩，1次	土壤养分
	施药	根据病虫情测报选药用药，进行果实第二次病虫害防治	病虫情测报
	花果	进行果实套袋	结果枝率
第z批成熟期（12月上旬至12月中旬）	水分	若根际黄墒，滴水使田间持水量保持在60%～80%；12月中旬起，若无霜冻等特殊情况，停止滴水	土壤湿度
	施肥	冲施肥2千克/亩、尿素1千克/亩、硫酸钾4千克/亩、硝酸钙2千克/亩、硫酸镁0.5千克/亩、硼酸0.1千克/亩、硫酸锌0.1千克/亩，1次	土壤养分
	花果	于转色前期，选晴暖天气拆除果实套袋	结果枝率

（续）

时期	事件	具体技术措施	监测项目与参数
第z批采收期（12月中旬至12月下旬）	花果	若已套袋，拆除套袋	—
	采收	第三茬后续批次果实陆续采收，翌年1月中旬前采收完毕第三茬	该批次产量
	其他	冷库、机械设备设施维修保养，年度总结	—

三、精品火龙果栽培生产关键技术与认知

精品火龙果兼具绿色安全、外观靓丽、口感细腻、风味浓郁、营养保健、精神愉悦等特征。量化指标包括颜色、果型指数、外皮硬度、中心可溶性固形物、心边糖差异度、果糖比例、香味程度。

精品果是靠种植出来的，而不是靠挑选出来的。想要种出精品果和种出效益，必须系统地了解掌握果树的特点和习性，要用"精品果生产理论和技术"去指导现代商品化果园的全程生产和经营管理。以生产高产值精品果为目标导向，适产稳产可持续发展。

（1）**种植抗耐性强的品种**　选择品质优异、综合性状好的品种。

（2）**优生区栽培**　在优生区栽培是生产精品果的前提，优生区的气候条件有利于果树生长和减少病虫危害。

（3）**营造良好果园**

①土壤。多施有机肥，宜起高畦，土壤有机质含量宜高，经常保持疏松透气；土壤中性，pH为6.5。树盘宜经常保持湿润，但要避免涝害与根际缺氧。

②合理密植。培养发达健康根系和健壮树势。适宜的种植密度（900～1 600株/亩），种植密度不宜>8株/米（株距<12.5厘米）；适时攻梢，每年温度回升稳定在12℃以上时，加强肥水使新梢大约3月上旬前后抽出，新梢抽出后合理疏芽（更新3 000～4 000个/亩·年），结果枝数量保持9 000～12 000个/亩·年，主动保芽护梢。

③合理树形。标准化整枝。

④科学施肥。平衡施肥，基肥每年施用腐熟的有机肥2次，第一次

秋冬季产期结束前后施用，第二次开花结果前施用，每亩每年施3～4吨。追肥总量要控制，宜勤宜薄，少量多次。春季抽新梢期以氮肥为主，夏秋季开花结果期以磷钾肥为主。避免在大批次现蕾之后施用含氮速效化肥。

⑤免耕生草栽培。生草栽培有利于提高土壤有机质含量、改善果园小气候、减轻虫害发生、提高果品质量等。在我国多采用树盘覆盖防草布加行间生草的模式，防草布可以防止树盘杂草的生长，节省人工除草的劳动力，而行间生草可以保持良好的果园生态（图10-1）。

图10-1　姬岩垂草在行间地布上种植

（4）**培养数量充足，质量优良的标准结果枝蔓**　丰产期保证质量优良的标准结果枝蔓8 000个/亩，枝龄为6～20个月，质量达到标准结果枝蔓的参数要求。避免未成熟枝蔓和衰老枝蔓留花留果。

（5）**适时促梢（花）留果**　南亚热带产区2～4月抽生的春梢、9～11月抽生的秋梢，光温适宜、强降雨少利于生长发育，枝梢质量好，病虫害较轻，用药少；5～8月抽生的夏梢，病虫害较重，用药多。春茬果偏早的批次（春提早批、5月上现蕾批、5月中现蕾批），秋茬果的偏晚的批次（9月中现蕾批、9月下现蕾批、秋延后批）的花果发育期间光温适宜、病虫害轻、大果率高、外观和品质好、价格高。宜在气候适宜的时段多促留大批次（花）果，气候不良的时段少留或不留（花）果。

（6）**合理负载提升品质**　合理负载指的是根据栽培品种特性、环境和管理条件，来建立营养生长和生殖生长的相对平衡关系。合理负载可避免植株花、果数量过多，超出树体负载能力，造成本茬批次花和果之间对养分的竞争，导致大量落花落果和小果比例高，开花结果后导致树势严重下降和长时间不能恢复。

①合理负载量。多产优质优等果，少产或不产小果、低级别果和等外果。丰产期年亩产量不宜＞5 000千克，单茬次果亩产量不宜＞2 000千克，夏茬果亩产量不宜＞1 500千克。单茬次留花留果宜实行单蔓单果，中大型果品种的单个茬次可保持枝果比为3∶1左右。

②早疏花疏果。特别是花蕾量大的茬批次，于幼蕾期疏除过密、过弱、畸形、发育不良、过早或过晚现蕾的花蕾；开花后幼果期及时疏除受精不良小果、病虫果、密生果、方向不适果，使树上留下的果基本上达到商品果的要求。

③科学施肥。冬季果低温期需叶面或果面喷施硝基肥、氨基酸类叶面肥和中微量元素肥，以促进着色和提高风味。

（7）**贯彻绿色植保方案**　选优质抗病耐贮运的综合性状优良的品种；用壮苗，无病健康苗；健身栽培，清洁田园，通风透光，排灌顺畅，杜绝病源，控制传染源，保护易感对象（嫩枝、花果），早预防、早控制、早治疗。

（8）**花果管理**　采用一年三茬结果模式，抓两头调中间，错峰结果，每茬保持合理枝果比（约3∶1），一枝一果。大批次果花果发育期（幼蕾期、幼果期、中果期）喷施广谱高效杀虫杀菌剂，保护果实免遭病虫危害，提高果皮鳞片的光洁度和完整性；花冠离层期（Fx-By-4）及时摘除黄化花冠。每年7～8月温度高于35℃时，顶部适当遮阴，减轻枝条日灼黄化。北缘栽培区，12月至翌年1月，以果压梢，减少冬梢抽发，同时注意采取防寒措施。

（9）**适度完熟采摘**　适度完熟采摘，应用商品化采后处理技术。

（10）**良好果园基地管理文化**　培养员工和工人的归属感、成就感和职业精神，营造良好氛围。